JN265437

地球の魚地図

多様な生活と適応戦略

岩井 保 著

恒星社厚生閣

まえがき

　四面を海に囲まれる日本は種々の海の幸に恵まれるばかりでなく，量は少ないが河川湖沼の幸にも恵まれ，人々は遠い昔から多くの魚の持ち味を生かした料理を生み出してきた．また，海辺の市町村でも，山村でも，人々はその地方の魚を有効に利用する工夫を凝らして加工し，多くの地域を代表する特産品が生まれている．このように魚は古くから私たちの食生活を潤す身近の動物であったが，改めて「魚の特徴は？」と問われると，漠然とその全体像を思い浮かべることはできるが，一口で明快に答えることは難しい．それほど魚は多種多様の種類に分化しているのである．

　魚の棲息場所は水があるところなら地球のすみずみまで広がっている．水平的には東西では太平洋，大西洋，インド洋，南北では北極海，南極海はもちろん，さらに各大陸，島々の淡水域まで広がる．鉛直的には海抜 5,000 m 以上のチベット，ヒマラヤ山系の川から，プエルトリコ海溝の水深 8,000 m を超える超深海底まで魚の棲息が確認されている．もちろん水域によって水温，塩分，光，水圧，溶存酸素量などのような環境要因は一様でないので，魚はそれぞれの環境に適応して生活しなければならない．したがって個々の魚種の生活様式にはそれぞれ特色があり，なかには極限に近い厳しい環境でも，信じられないような適応をして生存する魚がいる．北アメリカの灼熱の砂漠で 43.5℃ の水中に生存できるカダヤシの仲間，メキシコの洞窟内に棲息する盲目のカラシンの仲間，南極海のノトテニアの仲間とか北極海のタラの仲間などのように，体内で不凍性物質を産生して氷点下の海水中でも凍死することなく生活する魚などはその一部の例に過ぎない．

　私たちの目が届かない水中のさまざまな環境に適応して生活する魚たちの体には，合理的に設計された構造と，超能力ともいえる機能が秘められている．この本では，いくつかの対照的な環境を軸にして魚の多様な生活様式の一端を紹介する．

まえがき

　この本では，魚の諸器官の構造と機能に関する記述が多いので，「ノート」欄を設けて補足的に簡単な解説を加えた．「ノート」欄の挿入位置が本の前半部に偏在するきらいはあるが，これは活用しやすくすることを考慮した結果とご理解いただきたい．

　なお，紛らわしい学術用語はできるだけ避けるように心がけ，字を変えて使った用語がある．また使用した学術用語は主として『岩波生物学辞典』および『学術用語動物学編（日本動物学会）』に従った．和名のない学名の読み方は『魚の分類の図鑑』（上野輝彌・坂本一男著，東海大学出版会）に従った．

　さらに魚の行動追跡に関する研究の紹介では，目的によって異なる各種追跡機器をすべてバイオテレメトリーと表現したことをお許しいただきたい．参考になる本として山本勝太郎・山根　猛・光永　靖　編『水産学シリーズ #152　テレメトリー』（恒星社厚生閣）がある．

目　次

まえがき
第1章　魚の世界 …………………………………………………… 1
第2章　海の表層，表層魚の体温 ………………………………… 7
　2−1　部分的内温性の魚 ……………………………………………12
　　2−1−1　ホオジロザメ (12)　2−1−2　ネズミザメ (20)　2−1−3　メカジキ (24)
　2−2　外温性の魚 ……………………………………………………31
　　2−2−1　シイラ (31)　2−2−2　トビウオ (37)　2−2−3　ウバザメ (43)　2−2−4　メンヘイデン（ニシンの仲間）(50)　2−2−5　ボラ (56)

第3章　海の底層と深海 ……………………………………………65
　3−1　磯〜沿海底層 …………………………………………………65
　　3−1−1　植物食性魚とイスズミ (65)　3−1−2　ヨウジウオとタツノオトシゴ (68)　3−1−3　ネコザメ (72)　3−1−4　トビエイの仲間 (75)　3−1−5　ヒメジ (78)　3−1−6　ホウボウ (84)　3−1−7　ニベの仲間 (88)　3−1−8　イカナゴ (91)　3−1−9　アンコウ (94)

　3−2　深海，深海魚 …………………………………………………98
　　3−2−1　オオクチホシエソ (99)　3−2−2　シギウナギとフクロウナギ (102)　3−2−3　クサウオの仲間 (106)

第4章　暖かい海と冷たい海 ……………………………………… 111
　4−1　サンゴ礁の魚 ………………………………………………… 111
　　4−1−1　ニセネッタイスズメダイ，ニシキベラなど（UVカットをする魚）(113)　4−1−2　チョウチョウウオ (116)　4−1−3　コバ

ンハゼの仲間とダルマハゼの仲間（119）　4-1-4　クロソラスズメ
　　　ダイの仲間（123）
　4-2　南極海と北極海の魚 ………………………………………………… 125
　　　4-2-1　コオリウオ（128）　4-2-2　ホッキョクダラ（130）

第5章　淡水域 ……………………………………………………………… 135
　5-1　サケの仲間 …………………………………………………………… 135
　5-2　コイ …………………………………………………………………… 140
　5-3　ナマズ ………………………………………………………………… 143
　　　5-3-1　ナマズと電気（144）　5-3-2　パナケ（151）
　5-4　種子分散に貢献する魚（カラシンの仲間など） ………………… 153
　5-5　ハイギョ ……………………………………………………………… 156

主要文献
謝辞

【ノート】
　1. 魚の形態概説と海洋の鉛直区分 ………………………………………… 2
　2. 部分的内温性 ……………………………………………………………… 9
　3. 魚の食性と顎と歯 ……………………………………………………… 16
　4. 魚の呼吸・循環系 ……………………………………………………… 22
　5. 魚の視覚 ………………………………………………………………… 28
　6. 魚の脳 …………………………………………………………………… 34
　7. 胃，腸，幽門垂 ………………………………………………………… 41
　8. 鰓耙，咽頭顎 …………………………………………………………… 47
　9. 魚の聴覚，鰾，側線系 ………………………………………………… 52
　10. 肝臓，胆嚢，膵臓 ……………………………………………………… 60
　11. 魚の嗅覚と味覚 ………………………………………………………… 81
　12. 音を発する魚 …………………………………………………………… 87
　13. 紫外線が見える魚 …………………………………………………… 115
　14. 魚の電気感覚 ………………………………………………………… 147

第1章
魚の世界

　魚は動物界の頂点に立つ脊索動物(せきさくどうぶつ)に属するが，分類表の序列では脊索動物のなかでは下位に位置する．最下位はホヤの仲間，その上がナメクジウオの仲間で，魚はその一段上のランクに名をつらねる．しかし，脊椎骨が発達する脊椎動物のなかでは最下位に甘んじている．

　魚は水がある場所なら地球上のいたるところに広く分布しているし，種類数では哺乳類をはじめとする脊索動物の他の分類群と比較すると群を抜いて多い．全世界の水界に分布する魚は約25,000種あるいは28,900種といわれる．日本の淡水域および近海に分布する魚の種類も多く，記録されているだけでも3,800種以上が知られている．

　現在地球上に棲息する魚類と総称される動物を大ざっぱに見渡すと，ヌタウナギの仲間やヤツメウナギの仲間のように顎も肋骨もない無顎類(むがくるい)，骨組みが軟骨によって構成されるギンザメ，サメ，エイの仲間を包含する軟骨魚類，アミア，アロワナ，ウナギ，スズキ，マダイ，カワハギなど，骨組みが主として硬骨で構成される条鰭類(じょうきるい)（いわゆる硬骨魚類），および両生類の系統につながるといわれるハイギョおよびシーラカンスの仲間を包含する肉鰭類(にくきるい)に大別される．

　条鰭類のうち，アユ，フナ，マダラ，キス，カツオ，マハゼ，ヒラメなど，魚料理の食材や釣りで名が売れている魚のほとんどは真骨魚類とよばれる分類群に属する．

　種類数が多いだけに魚の体形はクロマグロのような高速遊泳に適した紡錘形，チョウチョウウオなどのように頻繁に方向転換する泳ぎに適した体

幅の薄い側扁形，アンコウのような定着生活に適した平たい縦扁形，ウナギのように潜伏生活に適した細長いウナギ形など，さまざまである．

さらに姿かたちばかりでなく，魚の大きさもまた大小さまざまである．体長わずか 7.9 mm 足らずで雌が成熟するヒナゴイ（仮称）*Paedocypris* の仲間から，十数 m に達するジンベエザメにいたるまで，SS，S，M，L，LL……，と各種のサイズがそろっている．個体数でも，かつて年間の漁獲量が 300 万トンを超えたマイワシもいれば，ミヤコタナゴのように棲息地が極端に狭められてしまった絶滅危惧種もいる．

❶ ノート
魚の形態概説と海洋の鉛直区分

魚の形態

魚体の主要な部分の名称と測定法は図 1-1 のとおりである．長さは全長，体長，尾叉長（びさちょう）などで表される．鰭（ひれ）は正中線にある背鰭，臀鰭，尾鰭，種類によっては脂鰭（しょうりき），小離鰭と，体の左右にあって対をなす胸鰭（四肢動物の前肢に相当）と腹鰭（四肢動物の後肢に相当）などに分けられる．鰭は鰭条と鰭膜からなり，鰭条（きょく）には棘と軟条とがある．体表の鱗（うろこ）は，基本的にはサメの仲間では楯鱗（じゅんりん）（皮歯），真骨魚類では円鱗と櫛鱗（しつりん）とその変形に分けられる（図 1-2）．真骨魚類にはアンコウのように体表が粘液質で鱗のない種類がいる．ウナギには鱗がないように見えるが退化的な薄い楕円形の鱗がある．

魚の体形は便宜的に大別すると紡錘形（流線形）を中心にして，紡錘形を背腹方向へ引き伸ばして体幅が薄い側扁形，紡錘形を押しつけたような縦扁形，紡錘形を前後に引き伸ばしたようなウナギ形に大別できる（図 1-3）．もちろんこれらの中間形，フグのようにまったく当てはまらない体形もある．

魚の遊泳運動は通常主として体側に ≫ 状の筋節に仕切られて並ぶ体側筋のはたらきによる．体側筋は持続的にはたらく赤色筋と，瞬発力が強く持続性に乏しい白色筋とによって構成される．魚の遊泳速度はしばしば時速で示される

が，同一魚種でも成長段階で変わるので，1秒間に体長（BL）の何倍の距離を泳ぐかという体長速度，たとえば1秒間に体長の2.2倍の速度は2.2 BL／秒と表すことが多い．

骨格はサメ・エイの仲間では主として軟骨，真骨魚類を含むいわゆる硬骨魚類では主として硬骨によって構成される．顎を形成する骨，脳を保護する神経頭蓋，体軸となる脊椎骨，胸鰭を支える肩帯，腹鰭を支える腰帯，尾鰭を支える骨群すなわち尾骨などは図1-1Bのとおりである．

海洋の鉛直区分

海の魚の棲息場所を深さ別に区分する場合，海域によって種々の環境要因が

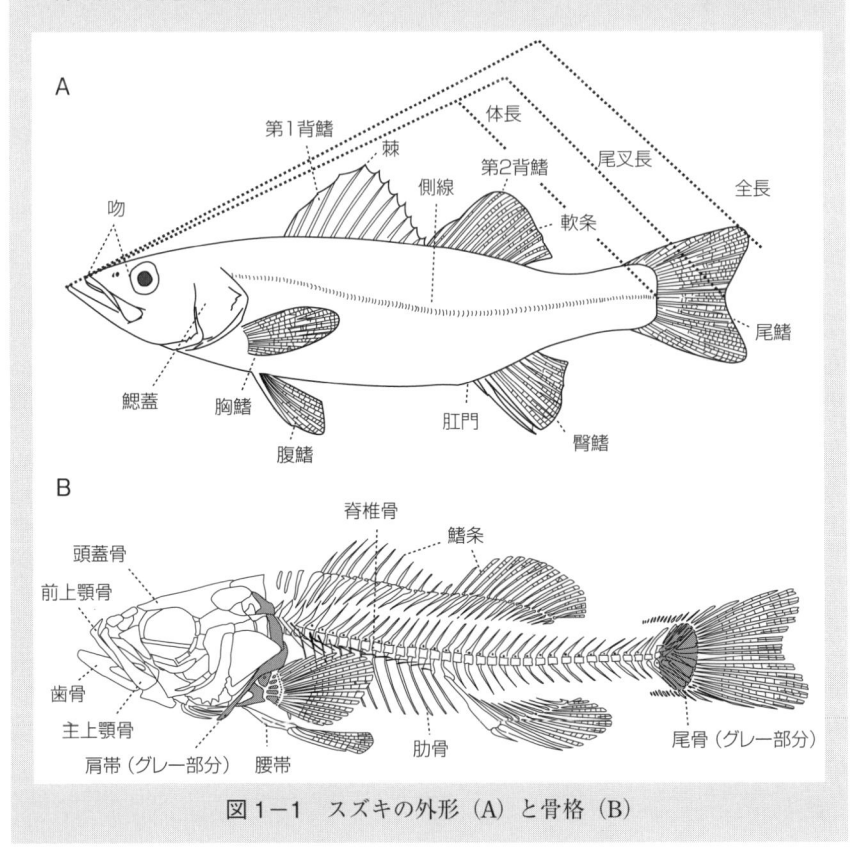

図1-1　スズキの外形（A）と骨格（B）

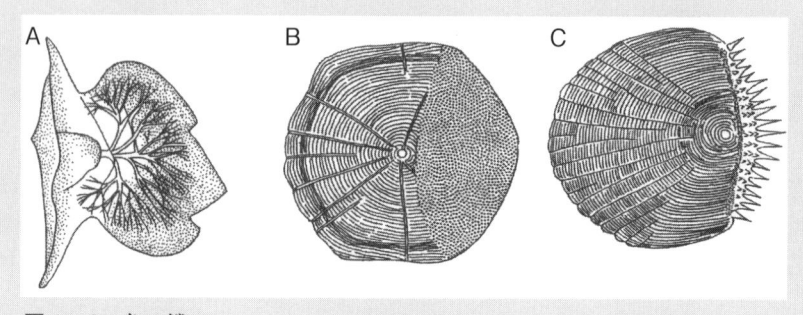

図1-2　魚の鱗
　　A：楯鱗（ドチザメ），B：円鱗（フナ），C：櫛鱗（ガンゾウビラメ）．

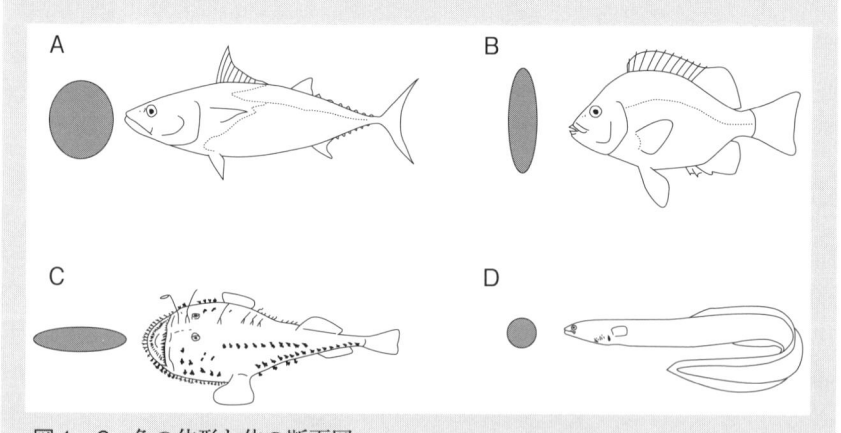

図1-3　魚の体形と体の断面図
　　A：紡錘形（クロマグロ），B：側扁形（イシダイ），C：縦扁形（アンコウ），D：ウナギ形（ウナギ）．

違うので，一口で定義することは難しいが，外洋では一応水深を基準にして，海面から水深150～200 m は表層，その下500～700 m までが中深層，その下3,000 m までが漸深層，その下6,000 m までが深海層，6,000 m 以深が超深海層に区分される．海底部分は潮間帯の下から水深約200 m までが大陸棚，3,000 m までが大陸斜面，以下外洋の区分に対応するように深海底帯，超深海底帯と続く（図1-4）．

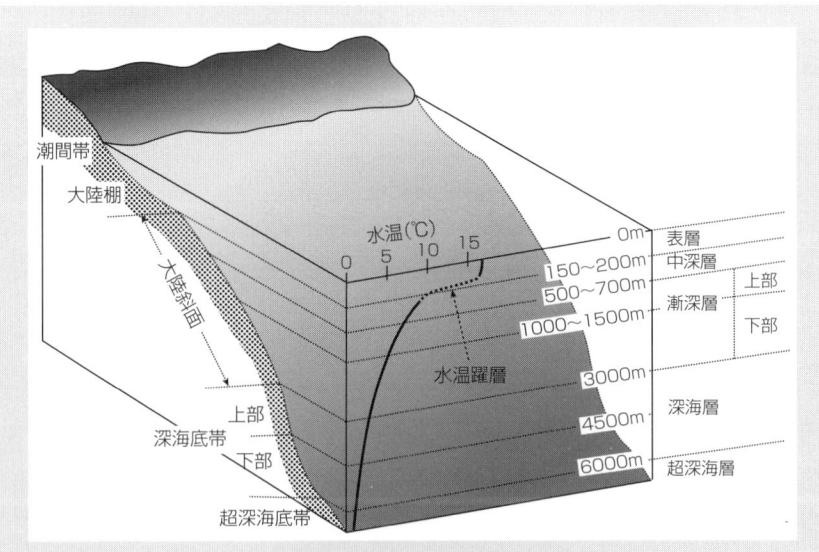

図1−4　海洋の鉛直区分

　海面を照射する太陽光は海中に入ると吸収されるので深さが増すにしたがって暗くなり，中深層では植物（プランクトン）の光合成による生産は期待できない．また水温の鉛直分布を見ると，海域によって，また季節によって違いはあるが，表層下部で急激に低下する．これが水温躍層である．

第2章
海の表層，表層魚の体温

　海に限らず水界の生物生産の基点は特殊な例を除き，陸上とほぼ同じで，生産者すなわち植物の光合成にある．水界の植物といえば，植物プランクトンや藻類，水草類などで，これらの光合成による生物生産の量は光が届く場所で，しかも栄養塩が豊富なところほど大きい．湖や海洋の表層では，貧栄養湖や栄養塩が少ない水域を除くと，植物プランクトンを起点とする食物連鎖を構成する動植物の種類も量も多い傾向にある．多くの教科書に引用される北海のニシンの食物を中心にした食物連鎖は図2-1のようになる．

　海の表面積は地球の表面積の約70%あり，海面から水深約150～200 mまでの海洋表層が生物生産の場となっている．しかし，魚の食物となる生物生産の量は栄養塩の量に左右され，高緯度の大陸棚が広がる海域や，深層に沈下した栄養塩が巻き上げられる湧昇が起こる海域では多く，低緯度の陸地から離れた海域では少ない．

　生物生産が活発な海域では魚の食物が豊富で，イワシの仲間のような小型の魚や，それらを捕食するカツオなどのような大型の魚など，大小さまざまの多くの魚が回遊する．

　イルカの仲間のような哺乳類を含む大型捕食者の体形を比較すると，ホオジロザメ，ネズミザメ，クロマグロ，ビンナガ，カツオなどのように，水の抵抗が小さい紡錘形，すなわち高速遊泳に適した流線形が多い．しかし，なかにはマカジキ，シイラ，大型のヒラアジの仲間のように流線形とはいえない体形でも高速度で泳ぐ魚がいる．

第 2 章　海の表層，表層魚の体温

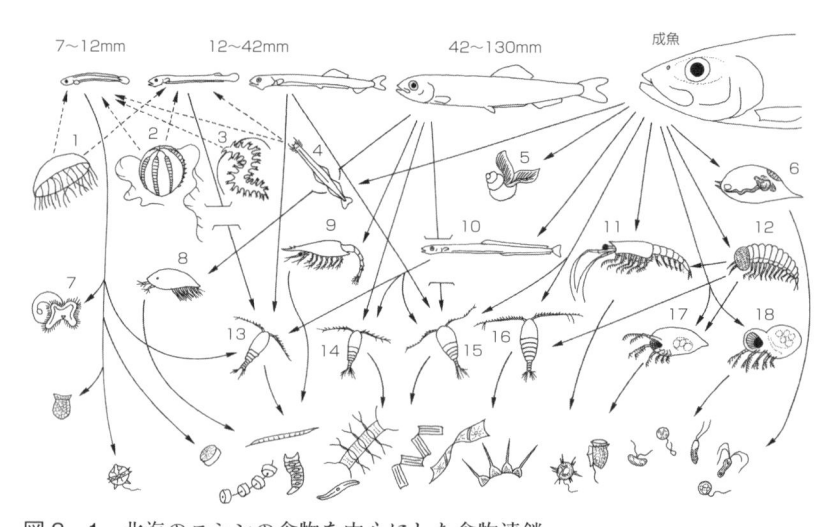

図 2-1　北海のニシンの食物を中心にした食物連鎖
　　　　矢印の方向が食物（子魚が食われる例も破線で示す）（Hardy, 1959）．
　　　　1：クラゲ，2：クシクラゲ，3：オヨギゴカイ，4：ヤムシ，5：ウキマイマイ（翼足類），6：オタマボヤ，7：貝類幼生，8：フジツボのキプリス幼生，9：エビの仲間の幼生，10：イカナゴ稚魚，11：オキアミ，12：クラゲノミ（端脚類），13〜16：コペポーダ（カイアシ類），17：トゲエボシミジンコ，18：ウミオオメミジンコ，最下段は珪藻，鞭毛藻類など．

　体形は流線形であっても，イルカと魚は体温に決定的な違いがある．前者は哺乳動物で水温が変化してもつねに一定の体温を維持できる恒温動物（内温性），後者は水温の変化にしたがって体温が変化する変温動物（外温性）であるという点で大きく異なる．海の表層は海域によって，また季節によって水温が変化するので，外温性の魚の行動範囲はおのずと制約を受ける．また，海の表層の下には水温が急激に低下する水温躍層が形成され，多くの表層魚は水温の急変に対処しきれず，鉛直方向の回遊には限度がある．

❷ ノート
部分的内温性

　マグロの仲間やネズミザメの仲間など，一部の高速遊泳魚では，その原動力となる体側筋，食物の消化吸収にかかわる内臓，および中枢神経を収納する頭部に，静脈と動脈の毛細血管が並行する奇網(きもう)が形成され，その部分が熱交換器としてはたらき，内温性動物のように周囲の水温より高温に保たれる仕組みになっている．つまり彼らは部分的な内温性動物といえるのである．

　マラソン選手のように長距離を泳ぎ続けるこれら高速遊泳魚では，体側筋の熱交換器は体側の赤色筋，いわゆる血合肉中やその近くにある．そこでは体内組織の生命活動によって温められた静脈血を運ぶ無数の静脈毛細血管と，鰓(えら)でガス交換をして冷えた動脈血を運ぶ無数の動脈毛細血管がたがいに接して並び，静脈血と動脈血は逆方向に流れるので，対向流による熱交換器となっている．この熱交換器によって彼らは体側筋の温度を周囲の水温より高く維持することができ，筋肉のはたらきをよくして，効率よく高速遊泳を続けることができるのである．

　また種類によっては，肝臓の周囲，幽門垂(ゆうもんすい)，胃の近辺の血管系や，眼・脳域の血管系にも体側筋同様の熱交換器が形成され，それぞれ消化吸収機能および感覚機能の向上に寄与する．クロマグロ，ビンナガ，ホオジロザメ，ネズミザメなどはこれら3種類の熱交換器をセットでそろえている（図2-2）．マグロの仲間とネズミザメの仲間は遠い昔からそれぞれ独自の方向へ進化した分類群の子孫で，現在ではそれぞれ真骨魚類と軟骨魚類に属し，類縁関係ではかけ離れた位置にある．不思議なことにその両者にきわめてよく似た熱交換器が発達しているのである．

　またメカジキのように眼・脳域熱交換器のみを備える表層魚もいる．このような熱交換器の存否については未確認の魚種もあり，熱交換器を備える魚の全貌はまだよくわからない．およそ高速遊泳とは無縁と思われるア

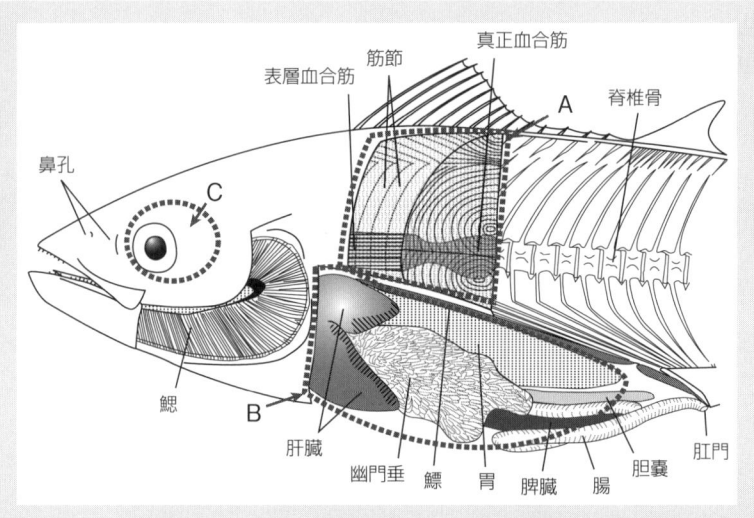

図2-2 クロマグロの筋肉，内臓の解剖図と熱交換器による内温性部位
A：体側筋域，B：内臓域，C：眼・脳域．

カマンボウやオニイトマキエイも眼・脳域に熱交換器を備えるので，この類いの部分的内温性の魚は案外多いのかもしれない（表2-1，図2-3）．

　ホオジロザメやクロマグロをはじめとする一部の大型表層魚は，この部分的内温性の獲得によって行動力が大幅に増大し，効率のよい持続的高速遊泳だけでなく，水温躍層を越えて低温の深海まで食物探しに鉛直回遊をすることができる．バイオテレメトリーによる魚の行動追跡の研究が進むにつれて，その実態が続々と明らかにされてきた．このように日常的に深海まで鉛直回遊する魚を表層魚とよんでいいのか，そういう異議が飛び出しかねないが，マグロにはやはり表層魚のラベルが相応しい．

　なお，カツオ・マグロの仲間の高速遊泳と熱交換器のはたらきの原理については阿部宏喜著『カツオ・マグロのひみつ—驚異の遊泳能力を探る』恒星社厚生閣（2009）に詳しい．

表2-1　熱交換器による部分的内温性の魚（Dickson *et al.*, 2004を改変）

	血管系熱交換器の存在部位		
	体側筋	眼・脳域	内臓
ネズミザメ	○	○	○
ホオジロザメ	○	○	○
アオザメ	○	○	○
オナガザメの仲間	○		
メカジキ		○	
マカジキ・シロカジキ		○	
カツオ	○		
クロマグロ	○	○	○
ビンナガ	○	○	○
キハダ	○	○	
メバチ	○	○	

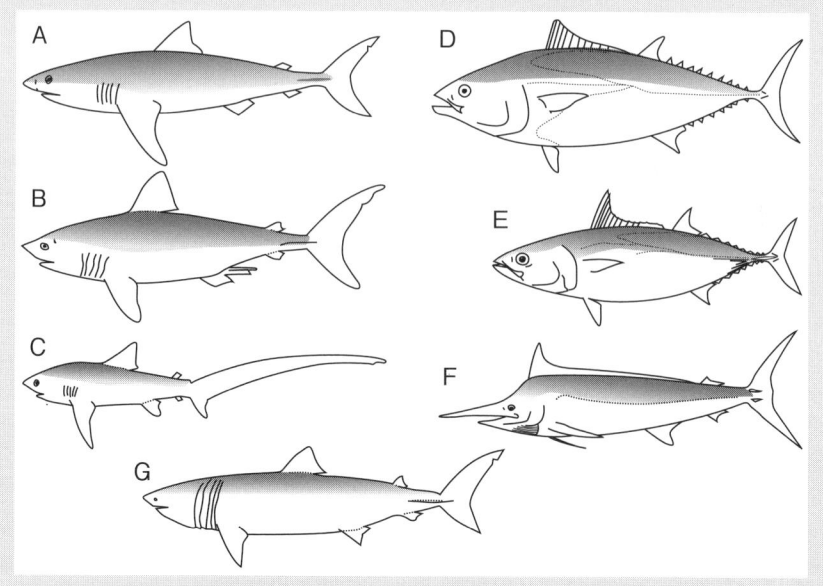

図2-3　部分的内温性の魚（A～F）とプランクトン食性のウバザメ（G）
　　　　A：ホオジロザメ，B：ネズミザメ，C：マオナガ（オナガザメの仲間），D：クロマグロ，E：カツオ，F：シロカジキ．

2−1 部分的内温性の魚

2−1−1 ホオジロザメ

　海洋表層で食物連鎖の頂点に立つのは，動物食性のシャチやイルカなどのようなハクジラ（歯鯨）の仲間や，同じく動物食性あるいは魚食性のホオジロザメ，クロマグロ，メカジキなどのような大型魚類であるといっても差支えない．なかでもシャチとホオジロザメはともに横綱格として君臨する．

　ホオジロザメは海水浴客に向かっても牙をむく凶暴な恐ろしいサメとして知られる．このサメは全長 4〜6.4 m に達し，ネズミザメ，アオザメなどとともにネズミザメ科に属し，現在では押しも押されもしない最強の魚である．親戚筋には少なくとも全長 15 m 以上になったと推測されるメガロドンという名の巨大な絶滅種がいたといわれ，化石資料によると 400 万年くらい前まではクジラなどを襲って食べ，幅を利かせていたようである．

分布

　ホオジロザメの分布域は広く，全世界の海に広がるが，沿岸海域にも頻繁に来遊し，とくにカリフォルニアからバハカリフォルニアの近海，オーストラリア・ニュージーランド近海，および南アフリカ近海に多い．日本近海にもよく出没する．

食性

　このサメは胎生で，春から夏に生まれ，出生時の全長は 1.2〜1.5 m もあり，小魚などを捕食するので，生まれつきの動物食性といえる．棲息場所が全世界の海に広がっているので，食われる動物の地理的および季節的変化に伴って食物の種類は変わり，無脊椎動物，サメ・エイの仲間をはじめとし，さまざまの真骨魚類，鳥類など，と実に多彩である．さらに体を三つの部分に噛み切られた全長 2 m のマンボウが胃の中から出たという例もあり，まさに「身の回りの動物すべてが食物」といわんばかりである．しかし，このつわものも海の王者シャチには歯が立たず，シャチの餌食になったという事例はよく聞く．

ホオジロザメの食性でとくに注目されるのはクジラ（死骸），イルカ，アシカ，オットセイ，トド，アザラシ，ラッコなど，海棲哺乳類を襲う習性である．不幸なことに時として海水浴客やダイバーも標的になるし，さらにサーフボードなどのような無生物まで襲うという海の通り魔的存在で，日本の周辺の海でもこのサメに襲われたという記録は相当数ある．

　カリフォルニア沿海の海棲哺乳類の群棲場ではホオジロザメに肉をえぐりとられた傷痕が残るアザラシ，ラッコ，オットセイなどの痛々しい姿や，深手を負ったアザラシの死骸を目にすることは珍しくない．このサメは接岸期には海棲哺乳類の群棲場に近づき，獲物の動きを把握できる範囲の浅海域を徘徊し，昼夜を問わず，獲物の隙に付け込んで襲いかかる．多くの場合，獲物の下方または後方から襲うので，かろうじて難を逃れた被害者の胴部，尾部，鰭などには痛々しい傷痕が残る．

　南アフリカ近海では，ホオジロザメのオットセイ狩りの成功率は日の出時の1時間が最も高く，日が昇って明るくなると急に低くなり，やがて狩りを休止するという．そして獲物を襲う際には獲物の後側方から接近し，頭部を横に振って顎の前横側の歯で噛みつく様子が記録されている．

　このサメの成長に伴う食物の変化を推定した研究では，主たる食物は母親の体内では卵黄，生まれ出ると魚類，そして全長 3.41 m 以上になると海棲哺乳類，と変化する過程が明らかにされ，成長に伴って食物連鎖の高位へのし上がる事実を裏づけている．

顎と歯

　成長に伴う主食物の変化は顎の歯の形にも反映される．歯は母魚の胎内で 1.43 m 以上になるとすでに形成されている．主として魚を捕食する若魚期には顎の歯はやや細長いが，成長して海棲哺乳類まで襲って捕食するようになると，上顎の歯は鋭いノコギリ縁のある正三角形に近い頑丈な構造に変わり，下顎の歯はやや細身ではあるが強固になる（図 2-4）．そしてこのサメは獲物に噛みつくと，頭を振って上顎の剃刀歯を使って獲物を噛みちぎる．

　大型の獲物に対するホオジロザメの攻撃法は実に荒っぽく，鋭い歯で噛

第2章　海の表層，表層魚の体温

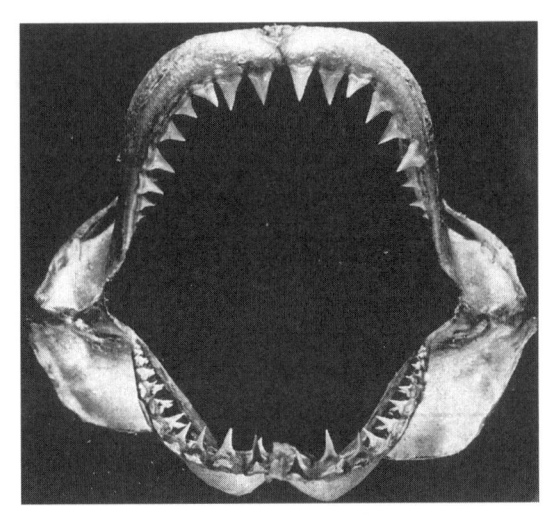

図2-4　ホオジロザメの顎歯（Follett, 1966）

みついて肉をむしりとるとか，最初の襲撃で出血している獲物を一度吐き出し，衰弱するのを待って捕食するという行動をする．一度噛みついた獲物を放し，少し引き下がる習性は，獲物の動きを止めるとともに，獲物の反撃でサメ自身が傷つかないようにするためといわれる．

　その強靱な顎の軟骨は他の大型サメと同様に周辺部に数層のリン酸カルシウムの沈着部があって強固になっている．両顎とその開閉に関与する筋肉の三次元コンピュータ断層撮影画像（3D CT）を解析し，噛む力を推測した研究によると，大型ホオジロザメが獲物を噛む力は 1.8 トン以上もあり，現存魚類のなかでは最も強力であろうと結論されている．恐るべき顎と歯の力である．

回遊

　ホオジロザメはネズミザメの仲間と同様に3点セットの熱交換器を備える部分的な内温性の魚類に属し，長距離遊泳を得意とする．東太平洋のホオジロザメ個体群の行動範囲は意外に広く，カリフォルニア沿岸とハワイ近海の間で定期的に季節回遊をする．全長約 4.5〜6 m のホオジロザメの

行動をバイオテレメトリーによって調べた結果，つぎのような事実が明らかにされている．すなわち，彼らは毎年決まって8月から2月ごろまではカリフォルニア中部近海のアザラシやアシカの群棲場近くで，水深0～50 m層をうろついて獲物をあさり，早いものは冬を待たず，晩秋に西へ向かって2,000～5,000 kmの回遊を始め，4月中旬～7月中旬の間はカリフォルニア近海から姿を消す．カリフォルニアを離れて西方へ向かった彼らは23.37°N，132.71°S辺りを中心とする半径約250 kmの範囲の「ホオジロザメのカフェ Café」と名づけられた海域に到達して滞留するが，さらに西方のハワイ諸島周辺まで回遊する群れもいる．彼らがカフェに滞留する理由は定かでないが，ここでは日々表層と比較的浅い水深100～200 m層の間を鉛直回遊する．この海域は北太平洋海流旋回流の東境界になり，この行動は摂食行動か，あるいは配偶行動と関係があるのではないかと推察されている．

　さらに西方のハワイ諸島の周辺は魚類や海棲哺乳類が比較的豊富な餌場となっていて，彼らは日々表層と水深約600 mの間の鉛直回遊を繰り返しながら摂食行動を続けると推察されている．そして夏になると彼らはまたカリフォルニア近海の出発海域へ帰ってくる．この大規模な季節回遊は毎年正確に繰り返され，彼らは独立した個体群とみなされている．この個体群は更新世後期にオーストラリア・ニュージーランド個体群から分かれて独立したと考えられている．

　ニュージーランド近海のホオジロザメも行動の追跡によってかなり長距離の索餌回遊をすることが明らかになった．最長回遊記録はニュージーランド東方海域から北方へ向かってニューカレドニア近海まで，約2,900 kmであったという．この最終目的地はザトウクジラの避寒海域で，彼らは海底のクジラの死骸あるいは新生児を狙うのが目的であろうと推察されている．ニュージーランド近海では表層を泳ぎ，100 m以深に潜水することはほとんどないが，回遊中は定期的に水深900 m近くまで鉛直回遊をすることが確認されている．

　さらに，南アフリカの個体群の回遊調査では，南アフリカのケープ州沖

から遊泳距離1万km以上の長旅をしてオーストラリア北西沿海までインド洋を横断した個体が確認されている．この長旅でも，ホオジロザメはつねに表層を遊泳したのではなく，しばしば鉛直回遊を行い，最深980mまで潜ったことが記録されている．

海水浴場の招かざる客の大規模回遊の実態は徐々に解明されつつある．

❸ ノート
魚の食性と顎と歯

魚の食性

動物には大なり小なり食物を選ぶ性質，すなわち食性がある．陸上に棲息する動物では，ライオンは肉食動物，ゾウは草食動物というように，比較的はっきりしている．水棲生物を食物とする魚の食性は変異に富み，大ざっぱに分類すればホオジロザメなどは動物（肉）食性，メジナなどは植物（草）食性，コイは雑食性というようになる．しかし，魚の食物は魚種によって，棲息場所によって，成長段階によって，競争相手の存否によって，さらに季節によって変化することが多い．したがって魚の食性には想像以上に柔軟性がある．

そこで，魚が主として食べる食物の種類によって，藻類食者，デトリタス食者，プランクトン食者，底棲動物食者，サンゴ食者，魚食者，鱗食者，昆虫食者，…食者，雑食者というように分けることも可能である．このように細かく分類するとわかりやすいが，かえって特性が消えてしまう恐れもある．たとえばこの分類法に従うと，ホオジロザメは魚食者であり，底棲動物食者であり，場合によっては哺乳類食者と表現しなければならない．雑食者として扱うと，植物を食べることはまずないし，哺乳類を襲うというこのサメの成魚の特性もわかりにくくなる．

魚の顎

現存の魚で顎がないのはヌタウナギの仲間とヤツメウナギの仲間だけで，ほ

とんどの魚には顎がある．顎の発達状態は魚種によっていろいろで，開閉する口の大きさや開閉方向もまた魚種によって違う．

口の開閉は顎を構成する骨組みと，これを動かす閉顎筋、下顎の腹面にある細長い舌骨伸出筋およびその近辺に付属する筋肉のはたらきによる．

顎の骨の発達状態は魚種によって違い，単純な構造から複雑な構造までいろいろである．摂食方式は基本的には①押し込み型（口を開いたまま前進して食物を口に押し込む），②吸い込み型（食物に近づいて顎を突出させて吸い込む），および③噛みつき型（顎を開いて食物に噛みついて口内に取り込む）の3型に大別できるが，状況によって2つの型を使い分ける魚もいる．

サメ・エイの仲間の顎の骨は軟骨で，比較的単純な構造である．ジンベエザメなどを除くと口は頭の腹面に開き，顎の動きは効率的とはいえないが，頭の先端を上方へ向けて上顎を開き，下顎を下方へ大きく開いて獲物に噛みつくと同時に口内へ吸い込む．

真骨魚類の顎は上顎と下顎の複数の硬骨が関節して構成される．顎の周辺の複数の小骨も直接あるいは間接的に顎の開閉にかかわる．なかでも上顎の軸となる前上顎骨と主上顎の関節様式は摂食能力に大きく影響する．たとえば，マイワシやサケなどでは，前上顎骨は小さく，上顎の下縁は前上顎骨と主上顎骨とによって支えられ，摂食の際にはこれら両骨が固定された状態で噛みつくことになり，上顎はあまり前方へ突出しない（図2-5A）．他方，スズキやマダイなどでは，前上顎骨が発達し，上顎下縁の大部分を占め，前端には背側へ突出する突起が付属する．この構造によって，噛みつきの主役は前上顎骨に移る．開口の際には前上顎骨は主上顎によって前方へ押し出されて，下顎の動きと連動して効率よく獲物をくわえると同時に口内へ吸い込むことができる（図2-5B～D）．

真骨魚類には上顎と下顎とで構成される顎に加えて，舌も顎の役を助ける魚がいる．魚の舌には筋肉がほとんどなく，中軸に骨が一本通っていて，彼らは舌を自由に動かせないばかりか，ソトイワシの仲間など，一部の魚は舌の表面と口腔天井部の骨にも歯を備え，口内で獲物に噛みついて獲物の動きを封じたり，寸断したりする．これらの魚の舌は顎と同じはたらきをするのである．

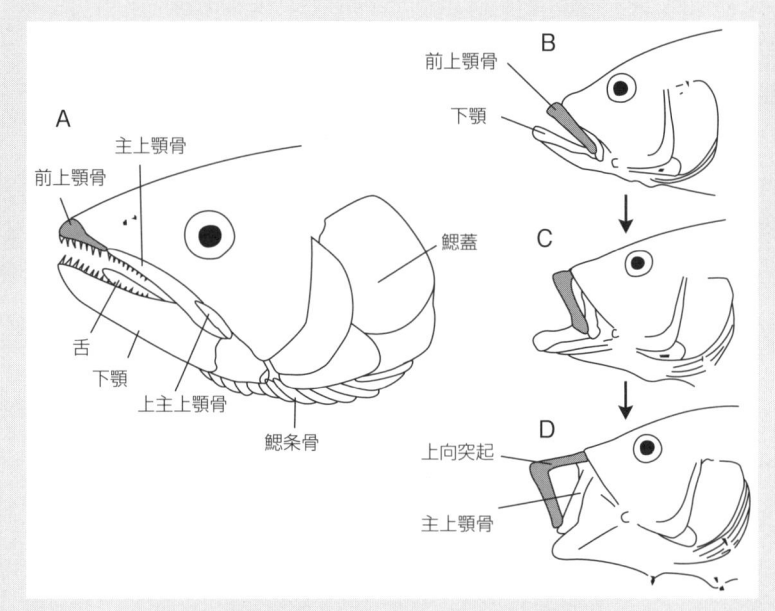

図2-5　真骨魚類の顎の開閉方式
　　A：サケ．前上顎骨は小さく固定型．
　　B〜D：カワスズメの仲間の摂食方式．前上顎骨は長く可動型．口を開く時，前上顎骨は前方へ移動し，食物を吸引しやすい（前上顎骨の上向突起は著しく長く，特異な例）(Liem, 1978を改変)．

顎の歯

　魚の食性と深い関係がある顎歯の形と配列様式も魚種によってさまざまである．歯の生え方はサメ・エイの仲間と真骨魚類とでは大きく異なり，サメ・エイの仲間では歯は顎を形成する口蓋方形軟骨とメッケル軟骨の結合組織中に根を下ろし，真骨魚類では歯根は直接顎の骨に付着するか，またはコラーゲン繊維を介して付着する．

　サメ・エイの仲間の歯には，獲物を捕らえるのに適した長くて鋭い歯，切り裂くのに適したノコギリ縁つきの三角形の歯，食物を破砕するのに適した先端が丸みをおびた歯，硬い食物を噛み潰すのに適したタイルを敷き詰めたような板状の歯などがある．使用中の歯列の後ろには数列の補充歯が用意されてい

て，使用中の歯が破損すると後列の補充歯が前へ押し出される．使用中の歯が破損しなくても歯の交換は定期的に，しかもかなり頻繁に起こる．

真骨魚類では歯は上下両顎にはもちろん，魚種によって舌の表面，口腔の天井部の頭蓋骨腹面や口蓋部の骨に生える例もある．使用中の顎歯の近くの真皮中には補充用の歯の芽が用意されていて，作用歯が脱落すると芽を出す．

真骨魚類の顎歯では円錐状の歯が多い．貪欲な魚食性の魚の歯は牙状で鋭く尖る．底棲動物など軟硬混合の食物を取り混ぜて食べる魚では円錐歯と臼歯状の歯が混在することがあり，藻類食性の魚の歯は指状または櫛状を呈することが多い（図2-6）．

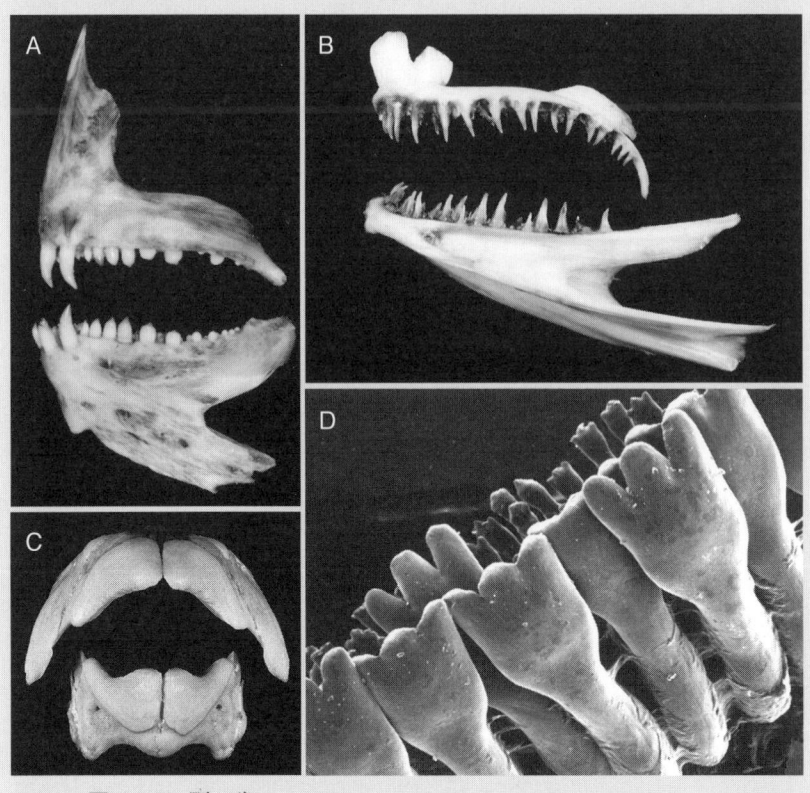

図2-6 顎の歯
A：マダイ，B：マダラ，C：ヒガンフグ，D：メジナ．

さらに，真骨魚類では最後部の鰓を支える骨に咽頭歯（いんとうし）が並び，食物をのみ込む前に破砕したり，すり潰したりする．咽頭歯の形は魚種によって違うが，通常，背側の上咽頭歯と腹側の下咽頭歯とがあり，胃のない魚ではよく発達する傾向がある．咽頭歯が発達した魚は，ここが顎と同じように機能するので，この部位はしばしば咽頭顎とよばれる（ノート8：47頁）．

2-1-2　ネズミザメ

ネズミザメは全長約2.6 mに達する大型のサメで，食物連鎖の高位に格づけされる．このサメの分布域は寒海のサメという通説に反して意外に広く，約60～20°N付近，つまり寒帯から亜熱帯まで広がり，夏にはベーリング海まで，冬にはアジア側では小笠原諸島近海，アメリカ側ではカリフォルニア州，サンディエゴ南西沖まで回遊する．

北太平洋ではこのサメは大量のサケの仲間を捕食するのでサケの天敵ともいわれ，アメリカではsalmon sharkと名づけられている．雄は体長約1.4 mで，雌は体長約1.8 mで成熟し，体内受精によって雌の体内で卵発生が進む．1回の出産数はわずか2～5匹で，出生時の体長は大きく，60～70 cmに成長している．

ネズミザメの食性は魚食性といわれ，北西太平洋で行われた食性調査の結果によると，45°N以北のサケの仲間が多い海域では調査個体の約70％がベニザケ，サケ，カラフトマスなどを食べていて，サケ以外の動物だけを食べていた個体数はわずか2.4％であったという．この結果を見れば，サケの天敵といわれてもおかしくない．亜寒帯ではネズミザメはサケの仲間を主要な食物とし，なかでもベニザケを貪欲に捕食するので，サケ・マス漁業に携わる人々から目の敵（かたき）にされる．1989年の調査資料に基づいて食害を推計した研究では，年齢が5歳以上のネズミザメ595,000匹が1年間に捕食したサケの仲間は$73 \sim 146 \times 10^6$匹，重量にして$113 \sim 226 \times 10^3$トンに及ぶという結果になり，ベニザケを好むこの美食のサメが北西太平洋のサケ・マス資源に及ぼす影響は決して小さくない．しかし，サケの天敵といっても彼らはサケばかりを選り好（え）みするわけではなく，45°N以南

のサケの仲間が少ない海域ではハダカイワシ，キタノホッケ，スケトウダラ，サンマなどのような魚類，ほかにもイカ，エビ，カニなどを捕食する．

　北東太平洋でもネズミザメが多くのサケの仲間を捕食することに変わりはない．アラスカの沿岸海域では7～8月に産卵目前の多くのサケの仲間が母川へ遡上するために帰ってくるが，ネズミザメの集団はそれを狙って寄りつき，競って食べまくる．1例をあげると，アラスカ湾北部の60°N付近のプリンスウィリアム入江では，ネズミザメの胃内容物から多数のサケの仲間が出現し，重量比にして71.6%を占め，ほかに出現するイカ，ギンダラなどに比べて群を抜いて多いことがわかっている．

　この海域に棲息するネズミザメの行動範囲は広く，適応温度範囲も広い．バイオテレメトリーによる調査によって，このサメはアラスカ湾からカリフォルニア近海とハワイ近海を結ぶ海域まで季節的大回遊をすることがわかってきた．夏から秋にかけてアラスカ湾でサケを目当てに摂食行動をするネズミザメの群れの一部は冬になると南へ回遊し，残りの群れはアラスカ湾に滞留して越冬するので，彼らの分布域は大幅に広がることになる．そして，彼らを取り巻く水温も分布範囲に応じて2～24℃と幅広い．

　南下群は春には北アメリカ西海岸の大陸棚から，ハワイ近海の22°N辺りまで行動範囲を広げ，水温18～24℃の暖海域に入る．このうち沖合い海域群は水温躍層より上層の水温18～20℃の水深100～200 m層だけでなく，水温躍層より下層の6～8℃の300～500 m層までしきりに鉛直回遊をし，潜水している時間も比較的長い．大陸棚海域群は水温7～18℃の水深0～356 mの範囲で鉛直回遊をしながら摂食行動を続ける．

　アラスカ湾定着群は，水深50 m以浅の水温10℃以下の冷水域で過ごすことが多い．越冬期の彼らの遊泳層は水深0～368 mで，水温は2～8℃であるが，多くの時間を150 m以浅で過ごす．

　アラスカ近海ではネズミザメの主要な食物となるサケの仲間は夏から秋にかけては多くの群れに分かれ，母川目指して押し寄せるが，冬になると姿を消す．しかし，ニシンのような小型魚類は年中絶えずにいるので，こ

の海域のネズミザメの越冬群が食物に事欠く心配はない．

すでに述べたように，ネズミザメは3点セットの血管系熱交換器を備える部分的な内温性動物であり，遊泳，代謝，感覚などにかかわる諸器官は冷水域でも効率よく機能するので，活発に活動できるのである．アラスカのプリンスウィリアム入江のネズミザメは水温5〜16℃の範囲にいても胃の温度は25.0〜25.7℃に保持されることがわかっている．

❹ ノート
魚の呼吸・循環系

鰓

魚の主要な呼吸器官は鰓である．口腔の奥に位置する鰓腔（さいこう）にはサメ・エイの仲間では5〜7対，真骨魚類では5対の鰓弓（さいきゅう）がある（図2-7）．最後部の鰓弓を除く鰓弓の外側には多数の鰓弁が2列に並び，ここがガス交換すなわち呼吸の場となる．サメ・エイの仲間では2列の鰓弁列間の隔膜が体表まで伸びるので，各鰓弓間の鰓裂はそのまま体表に開き，5〜7対の鰓孔（さいこう）を形成する．真骨魚類では前4対の鰓弓に鰓弁が2列ずつ並ぶが，隔膜は退縮して体表から離れ，外面を鰓蓋（えらぶた）（さいがいともいう）の骨が覆うので，鰓孔は1対しかない．鰓弁は葉状で薄く，その両面にはさらに薄い二次鰓弁が並ぶ．二次鰓弁に流入する静脈血は薄い上皮の表面で口から流入する新鮮な水と接し，酸素を取り込み，二酸化炭素を放出する．

二次鰓弁の総面積は広いほどガス交換の場も広いことになり，マグロの仲間のように酸素消費量が多い高速遊泳魚は，アンコウなどのような動きが鈍くて酸素消費量が少ない魚と比較して鰓面積の値は大きい．

鰓に加えて，鰾（うきぶくろ），胃，腸，皮膚などでも呼吸ができる魚もいる．ハイギョの仲間は別として，これらの器官は多くの場合，補助的な呼吸器官である．

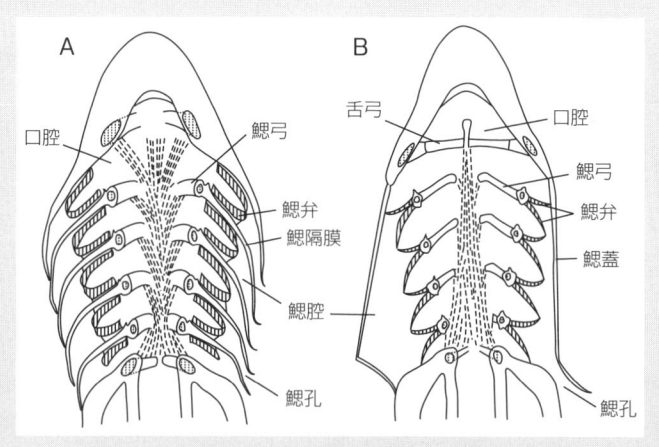

図2−7　魚の鰓（Woskoboinikoff，1932 を改変）
A：サメ，B：真骨魚類．

心臓・血管系

　魚体のすみずみまで張りめぐらされた血管に血液を送り込む心臓は胸鰭を支える肩帯の下端近くの内側にある．その構造は比較的単純で，静脈洞，1心房，1心室と心臓球（サメ・エイの仲間）あるいは動脈球（真骨魚類）からなり，囲心腔に納まる（ハイギョの仲間の心臓は別に5-5で述べる）（図2−8）．心臓内を通過する血液はすべて静脈血である．

　心室は血液を体の各部へ送り出すポンプの役目をし，ここから心臓球あるいは動脈球を通して前方の腹部大動脈に拍出された静脈血はすぐ左右の何対かの入鰓動脈を経て鰓でガス交換をして動脈血となり，出鰓動脈を経て背側の背部大動脈へ入る．背部大動脈からは前方へ向かって頸動脈などが走り，また，後方へはこの大動脈が脊椎骨直下を縦走し，内臓，筋肉など体のすみずみまで動脈枝を延ばす．いっぽう体内の動脈の分枝に対応して静脈の分枝があり，これらの分枝はつぎつぎに合流して静脈洞へ戻るが，腸，胃などから戻る静脈は肝臓に入ると多数の毛細血管に分かれて肝門脈を形成し，腎臓経由の静脈も腎臓で腎門脈を形成する．最終的には肝臓からも，腎臓からも再び静脈となって静脈洞へつながる．

　動脈血で酸素運搬に深くかかわるのはヘモグロビンを含む赤血球である．赤

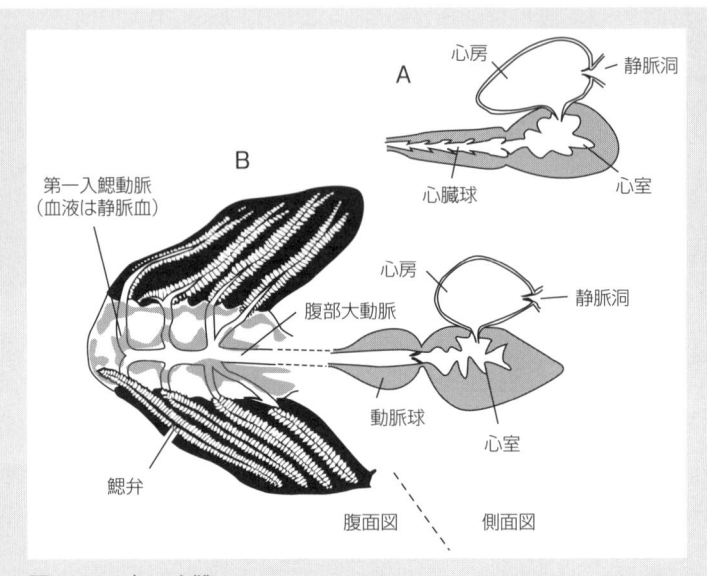

図2−8　魚の心臓
　　　　A：サメ・エイの仲間の心臓，B：真骨魚類の心臓・鰓血管系（Mott, 1950を改変）．

血球は大きさも数も魚種によって異なり，酸素消費量が多い高速遊泳魚では赤血球は小さく，数が多く，ヘモグロビン濃度も高い傾向がある．

2−1−3　メカジキ

　全長 4.5 m を超えるメカジキもまた外洋表層では有力な捕食者で，全世界の熱帯，温帯，時には寒冷海域，と分布域は広い．

矛（ほこ）

　メカジキに限らずカジキの仲間の特徴の一つに，鼻先から前方へ長く突出する矛のような武器がある．メカジキの矛の本体は長く伸びる上顎の骨と頭蓋骨の一部が変形したもので，稚魚期には上顎と下顎は同じように長く伸びているが，成長するにつれて矛の部分が急に伸張し，下顎は相対的に短くなる（図2−9）．矛は平たく強固で，獲物めがけてこれを突き刺せ

2−1 部分的内温性の魚

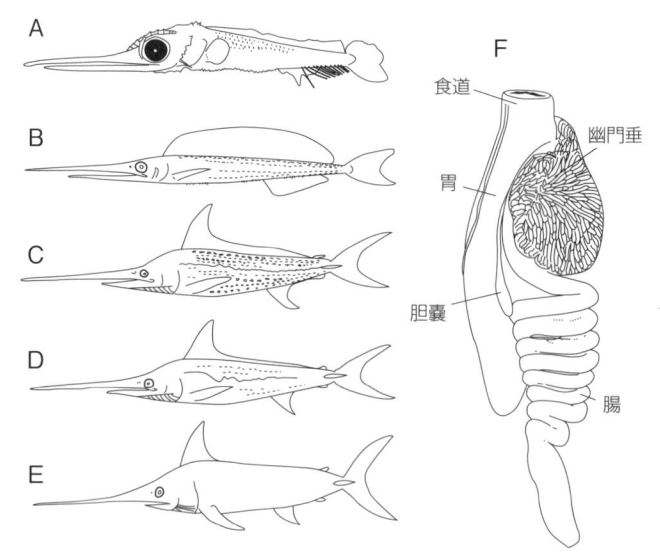

図2−9 メカジキの成長に伴う矛の伸長（A〜E）と消化管（F）
A：全長11 mm，B：体長23.4 cm，C：体長52.8 cm，
D：体長75.9 cm，E：体長156 cm（B〜E：Nakamura，
1983を改変．F：Suyehiro，1942を改変）．

ば強力な武器になる．昔からメカジキが木船を襲って船底に穴をあけたとか，折れた矛先が甲羅に突き刺さった大型のアオウミガメが見つかったという報告は珍しくない．この場合，矛が襲撃目的で船底やアオウミガメに刺さったのか，過剰防衛行動の結果であるのか，高速遊泳中の偶発的な事故なのか，詳細はよくわからない．ただ，メカジキの胃内容物には鋭く切り裂かれた小魚やイカが含まれることがあるので，矛が獲物の襲撃に使われる可能性は十分考えられる．メカジキではないが，バショウカジキが小型魚の群れに突入し，上顎の矛を振り回して獲物を傷つける行動は記録されている．

　カジキの仲間は必ずしも流線形の体ではないが，マグロの仲間と同様に高速遊泳をするので，しばしばカジキマグロとよばれるが，系統的にはマグロの仲間とは異なる分類群で，とくに近縁とはいえない．さらに，姿か

たちはかなり違うが，カジキの仲間と，アジの仲間，カレイの仲間との類縁関係に関する新説も浮上している．

食性

メカジキは魚食性といわれるが，魚以外にイカなども多く食べるようで，胃内容物は海域や季節によって変わる．

オーストラリア東部近海で漁獲されるメカジキの胃内容物の分析結果では，主要な食物は沖合いではイカ，岸よりでは魚類が多く，出現頻度，数，重量を総合して比較すると，イカ類（61.65％），魚類（38.10％），甲殻類（1％以下）となっている．また窒素安定同位体分析によってメカジキの主要食物は成長に伴って魚類からイカ類に変わることも明らかにされている．

日本近海，東太平洋中部，アメリカ北東部沖，地中海でも類似した研究結果が得られていることから，メカジキは棲息海域を問わず魚類とイカ類を主要な食物とし，意外にイカ類を多く食べることがわかる．

一般に動物食性の魚は腸管が短いといわれ，魚食性のカジキの仲間の腸管も後部は直線状で相対的に短いが，メカジキだけは例外で，腸管は比較的長く，後部はコイル状に曲がりくねる（図2-9F）．

回遊

海洋表層の高速遊泳魚類名簿に名を連ねるメカジキの行動範囲は水平方向にも鉛直方向にも広いことがバイオテレメトリーによる行動研究で明らかになってきた．北大西洋のメカジキの行動範囲を記録した結果によると，水平的には西北大西洋から東北大西洋まで，また南北方向には6〜10月の期間は温帯海域で活発に摂食行動をした後，南へ向かって回遊してカリブ海に到達する．彼らはこの暖かい海域に4月ころまで滞留した後，6月までにはまた温帯の餌場へ戻るという．

ニューヨーク沖，ボストン東方沖のジョージバンク，フロリダ半島東方など，西北大西洋諸海域のメカジキの行動調査では，彼らは夜間には主として表層で行動し，昼間には長時間にわたって深く潜る鉛直回遊をし，水深約600m辺りまで潜水することが記録されている．

またサウスカロライナ州・ジョージア州東方沖でメカジキの行動を追跡した記録には，放流場所から東北あるいは東方の海山近くの海域へ移動し，その最長直線距離は 2,497 km，回遊期間中の最速遊泳速度は 34 km／日であった，と記されている．

　チリ中部沖の南東太平洋でもメカジキの行動追跡が行われていて，水平方向には秋から冬の 3 月末から 6 月には 20°S 付近から北西方向に回遊して 5°S 付近に到達し，春になる 9 月下旬から 10 月初旬までには南方へ戻ることが明らかになっている．また鉛直回遊も行い，昼間は 600 m 以深に潜水して行動し，夜間は 100 m 以浅に浮上して行動することも確認され，摂食行動は主として昼間に深海で行われ，最も深い潜水記録は 1,136 m となっている．

　日本近海で季節回遊をするメカジキは夏には 40〜45°N の食物が豊富な親潮流域へ北上し，冬には 10〜20°N の亜熱帯海域へ南下することが行動記録に残っている．また，鉛直的には昼間は多くの時間を 200 m 以深（最深 900 m）の冷水域で過ごし，夜間は暖かい表層に浮上することが記録されている．

　カリフォルニア沖の冷水域では，メカジキは例外的に昼間に表層へ浮上し，しばしば日向ぼっこをするという．

部分的内温性

　メカジキの摂食行動には優れた視覚が重要な役割を果たす．この魚には部分的内温性に必要な 3 点セットの熱交換器のうち，内臓の熱交換器はなく，体側筋の熱交換器のはたらきも明確ではないが，眼・脳域熱交換器は発達し，優れた視力の一因になっている．メカジキの眼を動かす上直筋には，動脈と静脈の毛細血管網による熱交換器が付属し，これに脂肪組織が加わって眼域および脳周辺の体温は周囲の水温より 10〜15℃ 高く保持できるのである．

　海洋の深層は表層と比較して暗く，水温も低く，魚にとって好ましい環境とはいえない．獲物や敵の姿や行動を見極める能力は魚種によって違うが，同じ魚種でも眼の機能は水温の影響を受けるといわれる．実験室でメ

カジキの眼に点滅光を照射して刺激し，6℃と21℃で記録した網膜電図を比較した研究では，眼のはたらきは高温状態のほうが低温状態よりはるかによいという結果が得られている．メカジキはこの部分的内温性のおかげで，冷たくて暗い深海でもイカや魚の行動を見極めることができるのであろう．

❺ ノート
魚の視覚

魚の眼は他の脊椎動物の眼とほぼ同じ構造で，表面から角膜，虹彩，水晶体（レンズ）とそれを包むガラス体，網膜，脈絡膜，および強膜と並び，光刺激が像を結ぶところは網膜である（図2−10 A）．網膜は多数の層に分かれていて，その一番奥に黒い色素上皮と，錐体および桿体の2種類の視細胞の層がある．

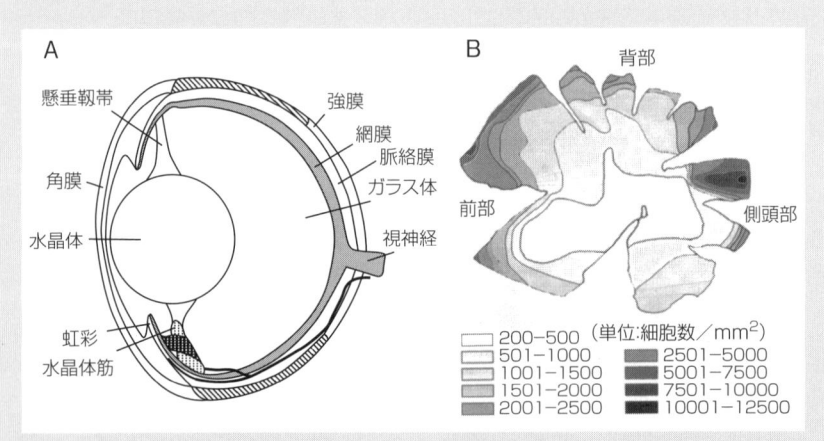

図2−10　A：魚眼の構造模式図（宗宮，1991を改変）
　　　　　B：シイラの網膜（伸展）中の視神経細胞の密度分布図（百瀬ほか，2003）

視野

　成魚の眼はヒラメ・カレイの仲間を除くほとんどの魚種では頭の両側について いて，水晶体は表面近くに位置するので単眼視野は前後にも，背腹方向にも 広く，前後の方向に約180°，背腹の方向に約150°近くある．しかし，左右の 単眼の視野が頭の前方で交叉してできる両眼視野は魚種によってかなり違う． これは魚の体形，とくに頭部の形に起因するが，いずれにしても両眼が顔の前 面に並んでいる私たちの視野と比べると狭い．

　網膜中の錐体の分布密度は一様ではなく，両眼視野の中心線となる視軸と重 なる部分が最も高密度になっている．そのような部位はスズキ，ブリ，シイラ などでは眼の後部にあり，チカメキントキ，カツオ，マグロの仲間などでは眼 の後下部にあり，マダイ，クロダイなどでは後背部にある．この部位はそれぞ れ前方，前上方，前下方からの光刺激に対する感受性が高く，これらの魚が食 物を探す行動と深く関係する．

色覚

　2種類の視細胞のうち，錐体は主として明視と色覚にかかわり，桿体は明暗 感覚にかかわる．私たちが色として感じる光の波長は約400〜760ナノメート ル（nm）で，短波長のほうから，すみれ，あい，青，緑，黄，オレンジ，赤 の7色に大別される．そして私たちの可視光線より波長が短い光が紫外線で， 長い光が赤外線である．

　魚に色覚があることは，学習法を使った実験によって古くから認められ，そ の能力は魚種によって異なることが明らかにされていた．現在では魚の色覚の 有無は主として電気生理学的手法で調べられる．光刺激を与えた時に網膜の視 細胞の近くにある水平細胞から生じるS電位とよばれる活動電位の型から推 定される．S電位には光度反応と色度反応の2種類の反応型があり，後者は刺 激光の波長によって波形が変わるので，色を見分ける目安にすることができ る．S電位の波形から，ニジマス，ブルーギル，スズキ，ブリ，ゴマサバ，マ ハゼ，アカエイなどには色覚があり，とくにコイ，フナ，ボラなどは色に対し て敏感なことがわかっている．他方クロダイ，マダイ，カツオ，ホシザメなど には色覚がほとんどないといわれる．外洋を活発に遊泳するビンナガ，メバ

チ，キハダ，クロカジキ，シロカジキなどは色に対する感覚が鋭いように思われるが，実は色覚がないという．

また視細胞には視物質とよばれる感光物質が含まれていて，光感覚は視物質が光を吸収することから始まる．通常，魚は3種類の錐体を備え，それぞれ視物質が吸収する光の波長（色）の極大値が違う．これら3種類の錐体の光の波長に対する感受性は魚種によって違うことが多い．たとえば，ニジマスの若魚の網膜には434 nm（青色），531 nm（緑色），および576 nm（赤色）にそれぞれ吸収極大値を示す錐体があり，これらが色覚に関係する．さらに，加えて吸収極大値が365 nm（紫外線域）にある錐体も検出されている．

通常3種類の錐体があるといっても，すべての魚がこれらをセットで備えているのではない．色覚がないといわれるメバチやキハダには1種類の錐体があり，視物質の吸収極大値は約490 nmにある．同じく海洋表層を泳ぐシイラには2種類の錐体があり，視物質の吸収極大値はそれぞれ469 nmと521 nmにあり，シイラは青の波長と緑の波長の色覚に優れることを意味し，背景が青色系の外洋の表層の生活に適応していると解釈される．さらにマカジキでは網膜腹側部に視物質の吸収極大値が436 nm，488 nm，および531 nmにある3種類の錐体が明らかにされ，色覚があると推察した研究もある．

網膜中の神経細胞の分布密度も魚の習性を反映し，分布密度が最も高い部位は中心野とよばれ，光刺激に対して最も敏感に反応する部位といわれる（図2－10 B）．中心野は魚種によって違うばかりでなく，同一魚種でも生活様式の変化に伴って変わることがある．たとえばオーストラリアのクロダイの仲間では中心野はプランクトン食性の浮遊稚魚期には網膜後側部にあり，成長して底棲生活に移行して底棲動物食性になると，食性の変化に合わせるかのように網膜背側部へ移動し，光刺激に対して敏感に反応する方向が前方から前下方へ変わることを示す．

タペータム

深海に棲息するキンメダイを釣り上げた時に眼に光が当たると，きらりと輝く．これは網膜に多数のタペータムとよばれる反射板が並んでいて，網膜に入った光がここで反射して生じる現象で，この構造は暗い海中で視細胞の感受性

をよくするようにはたらく．タペータムはサメ・エイの仲間をはじめとし，多くの種類の魚の網膜あるいはその奥の脈絡膜の層に並び，薄暗い環境の生活に適応した構造といわれる．

2-2　外温性の魚

2-2-1　シイラ

　シイラという魚は日本ではあまり人気がないが，欧米では古くから詩や海洋文学に登場するし，食材としても人気がある．また，この魚ほど名前が紛らわしい魚は珍しい．英名は dolphin fish．単に dolphin と書かれることもあり，しばしばイルカと混同される．

　ハワイではマヒマヒ mahimahi とよばれ，ハワイ旅行でこの魚を食材にした料理に舌鼓を打って帰国した人が「マヒマヒの本体はシイラ」と知らされても素直に信じないという話を聞いたことがある．日本で人気がない理由はよくわからないが，古くから伝わる風評の影響といわれる．いわば食わず嫌いというところであろう．

生理・生態

　シイラは全世界の温帯・熱帯の海洋表層に広く分布し，日本近海にも初夏から秋にかけて来遊する．成長すると雄の前頭部が角張るので一見して雄雌を見分けることができる．この魚は海洋の表層で単独あるいは小さい群れをつくって活動し，遊泳時には体の背面は青緑色，側腹面は黄色に輝く．シイラの体形は体幅が細くてカツオやマグロのような紡錘形ではないが，尾鰭は三日月形で高速遊泳向きである．定常遊泳時には背鰭・尾鰭・臀鰭（正中鰭）は半開き状態であるが，高速遊泳時には正中鰭は全開状態になる（図2-11）．シイラのこの体形と遊泳方法は小回りが利き，浮遊物の下の狭い場所でも上手に泳ぎ回ることができる．その際，方向転換のため加速する直前に正中鰭を全開状態にし，反転完了時にこれらの鰭をたたむ．そして尾鰭の一振りで180°反転できることが明らかにされている．

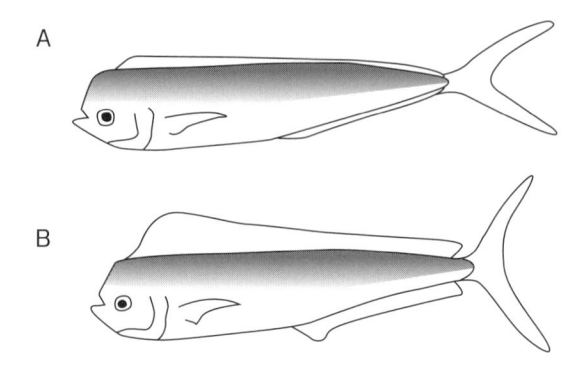

図2−11 定常遊泳時（A）と加速方向転換時（B）のシイラの
背鰭・尾鰭・臀鰭の開閉状態（Webb, 1981を改変）

　高速遊泳魚にはそれなりのエネルギーが必要で，シイラも例外ではなく，体重1kg当たりの1時間の酸素消費量はカツオよりやや低いが，サケの仲間の数倍になり，キハダより少し高めか同じ程度の値になる．呼吸機能を反映する鰓面積は，一概に比較はできないが，サケの仲間などより大きい値を示す．活発な活動と成長を支えるためには，エネルギー源の確保が必要で，イワシの仲間，トビウオ，アジの仲間，カワハギの仲間など多くの魚類，イカの仲間，エビ・カニの仲間などを貪欲に捕食する．
シイラ漬け
　シイラの大きな特徴は流れ藻や流木など，海面の浮遊物の下に集まる習性が強いことである．この習性を巧みに利用した漁法が「シイラ漬け」で，日本近海，とくに北九州から日本海の対馬暖流の流域では古くから操業されてきた．浮遊物になる「漬け木」の構造は地方によって多少違いがあるが，材料には竹（主として孟宗竹）が使われる（図2−12）．島根県沖の「漬け木」に例をとると，長さ2mの台竹9本を2段に重ね，その上に長さ8mの竹6本を重ねて束ねる．海面上に高さ約2mの見世木とよばれる目印を立て，水深の40％増しの長さの綱に錨をつけて敷設する．こうしてシイラ，ヒラマサ，ブリなどが「漬け木」の下に集まったところを見計らって巻網で一網打尽にするのである．同様の漁法は外国にもあ

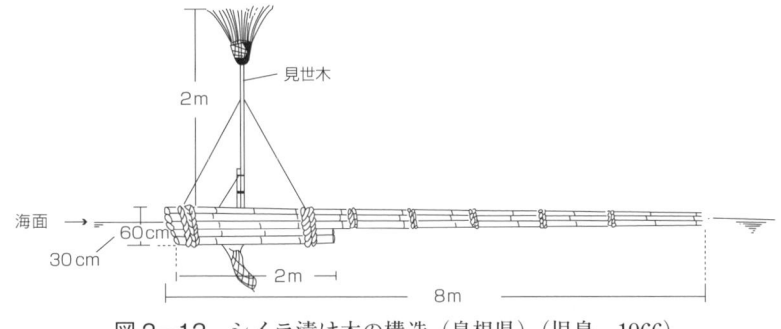

図2−12 シイラ漬け木の構造（島根県）（児島，1966）

り，魚寄せ浮遊物としてインドネシアではヤシの葉が使われ，地中海ではコルク板が使われてきた．

　浮遊物の下に集まる魚はシイラだけではない．マグロの仲間をはじめとして大小，色とりどりの多くの魚が集まる．調査記録によると96科，333種類に及ぶ．魚が浮遊物の下に集まる習性は捕食者から身を守るためともいわれるし，他の海域へ分散する途中で卵，稚魚，若魚が生き残るための避難場所になるともいわれる．時には空腹魚の餌場になるともいわれる．少し変わった仮説もある．浮遊物に集まるシイラはもちろん，他の魚もしばしば浮遊物に体を擦りつける行動をするので体表の寄生虫除去や皮膚の炎症処置場にもなるというのである．

　カツオ・マグロの仲間やシイラなどのような大型魚にとって海面浮遊物は休息所，群れの再編場所などとして重要な役割を果たす．この習性を利用してカツオ・マグロの仲間の漁獲を主目的として開発された装置が「シイラ漬け」に似た魚類蝟集装置 Fish Attraction Devices（FADs）である．一例をあげると，アメリカではポリウレタンで固めた木板の筏を浮かべ，そこからナイロン網を垂れ下げた製品を敷設してその効果が試されている．

　日本近海で「シイラ漬け」によって漁獲されるシイラの体長組成に注目すると，漁期のはじめには比較的大きく，1mを超える大型個体が含まれるが，終漁期が近くなると小振りになり，1m未満の個体が多くなる．1

個の「漬け木」に集まるシイラ数は日によって，また，年によって違い，1日に1〜300匹，多い時には1,000匹に達することが漁業実績でわかっている．そして胃の内容物を調べた結果によると，彼らのすべてが摂食を目的にして集まるのではなく，表層を遊泳中に「漬け木」が視野に入り，これに定位すると推察されている．

　たしかにシイラの視覚はよく発達し，水晶体筋の構造や網膜の視神経細胞の精査によって遠近調節能力に優れ，視野は鉛直方向より水平方向に広く，表層生活に適応していることが明らかにされている（ノート5：28頁）．そのせいかどうかは明らかでないが，釣り好きの人が昼間にクルーザーで外海へ出て曳き釣り（トローリング）をすると，シイラが釣果の上位を占めるという事実は，この魚が昼行性の表層の有力な捕食者であることを物語っている．しかしシイラは昼夜を問わず，絶えず海の表層を泳ぎ続けるのではなく，規模は小さくても鉛直回遊をし，東シナ海北部では水深約50〜90 mまで潜ることが確認されている．

　「シイラ漬け」漁業では，「漬け木」の揺れによって生じる海中音が優れた誘引効果をもたらすので，「漬け木」への定位は視覚よりむしろ聴・側線系感覚によるところが大きいという指摘もある．ただ，大型浮魚10種類の脳の比較研究ではシイラの聴・側線系領域の大きさは平均値以下という結果になっている．

　いずれにしても，「寄らば大樹の陰」を決め込んで「漬け木」の下で平穏無難に暮らすつもりで集まったシイラは，網に巻かれて一生を棒に振る羽目に陥るのである．

❻ ノート
魚の脳

　「サメに脳があるのか？」と問われたことがあるが，体重に対する脳重の比が鳥類や哺乳類に匹敵するサメがいるので，一概にあなどることはできない．

ノート6　魚の脳

魚の脳は前端から順に終脳，間脳，中脳，小脳，延髄の各部に区分され，延髄の後端は脊髄につながる（図2-13）．脳の各部の大きさや形は魚種によって違う．

終脳
　終脳には嗅球とよばれる膨らみがあり，嗅神経によって鼻につながる．嗅球は終脳の前端にあるが，アブラツノザメやコイの仲間などでは鼻に接していて，長い嗅索を通して終脳につながる．魚の終脳には嗅覚にかかわる神経のほかに，摂食行動，生殖行動，闘争行動，学習など，魚の日常生活にかかわる感覚・運動の神経が入り組んでいて，高等動物の大脳皮質のような6層構造はなくても，これに準ずるはたらきをするので無層性皮質とよばれる．

間脳
　間脳は終脳の直後にあり，生命維持にかかわる重要な役目をするが，外部からその輪郭を特定することは難しい．間脳には視覚をはじめとする種々の感覚情報の入力領域があり，終脳の感覚領域と連絡する．腹部に位置する視床下部には種々の行動の調節，内分泌系の要となる脳下垂体で産生される各種ホルモ

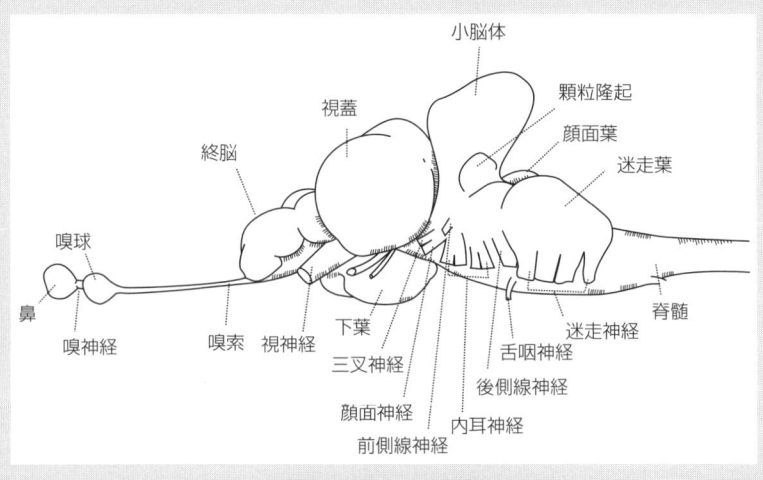

図2-13　コイの脳

ンの分泌を調整する機能などがある．視床下部の特定部位に電極を入れて電気刺激を与えることによって摂食行動，生殖行動，攻撃行動などを誘発させることができる．

中脳

　中脳は脳の中央部にある．背方に膨らむ左右1対の視蓋とよばれる部分は視神経によって眼につながり，視覚に深くかかわる．

小脳

　小脳の背方へ膨らむ小脳体は活動的な魚では大きく膨らむが，底棲性で行動の緩慢な魚では小さい傾向がある．サメ・エイの仲間では，この関係は必ずしもすべての種類に当てはまるとは限らない．たしかに遊泳性のヨシキリザメやアオザメなどでは大きく，底棲性のサカタザメやトラザメでは小さいが，同じ底棲性のアカエイでは大きい．

　小脳基部の橋部とよばれる部分には頭部の触覚などにかかわる三叉神経が入る．

　小脳の後部外側には顆粒隆起とよばれる膨らみがあり，聴覚にかかわる内耳神経，側線感覚にかかわる側線神経が入る．いずれも直後の延髄につながる．側線神経は頭部の側線系を支配する前側線神経と，体側の側線系を支配する後側線神経とに分けられる．

延髄

　延髄は脳の最後部を形成し，味覚器，側線，内耳など，種々の感覚器や，内臓諸器官につながる神経を受ける．体表，口腔などの味覚にかかわる顔面神経につながる顔面葉，口腔後部から鰓腔の味覚，内臓感覚などにかかわる迷走神経につながる迷走葉をはじめとして，いくつかの複雑な小隆起がある．第1鰓弓の味覚や咽頭部の内臓感覚にかかわる舌咽神経も延髄に入る．

脳と生態

　脳の外形は魚の生態をある程度反映するといわれる．たとえば遊泳性の大型

魚の脳形を比較するとサメの仲間では嗅球と内耳側線野の部分が大きく，真骨魚類では視蓋部分が大きいという．また，視覚がきかない夜間に嗅覚や味覚を頼りに活動するウナギやアナゴの仲間などでは終脳の嗅球および延髄の部分が大きく膨らみ，視蓋や小脳の部分が相対的に小さい．いっぽう明るい海域で活発に活動するマサバ，クロマグロ，ブリなどでは，終脳の嗅球は小さく，視蓋や小脳体の部分が大きく膨らむ．発音・聴音能力に長けるニベの仲間などでは，小脳の顆粒隆起の膨らみが目立って大きい．

2-2-2 トビウオ

トビウオが属する分類群は，一昔前まではダツ・サンマ，サヨリ・トビウオ，と五七調まがいに読める魚名が並ぶ1群であった．現在の分類表ではこの仲間に日本のメダカの仲間が加わり，語呂が少し乱れて読みにくくなった．この仲間は温帯，熱帯の海，河口，および淡水域に棲息する．この仲間に共通した特徴として，胃がないこと，産卵された卵の表面に他物に絡みつく特有の付属糸があることなどがあげられる．

顎の形にも特徴がある．両顎が著しく細長いのがダツ，そのまま少し短縮したのがサンマ，下顎は長いが上顎が短いのがサヨリ，両顎ともに短いのがトビウオ，メダカ，と大まかにいえばこうなり，成長段階によって類縁関係を示唆するように顎の長さが変化する例もあるので，ダツの仲間の顎の形態と進化の関係については古くから多くの研究がある．

さらにダツ，サヨリ，トビウオなどは大なり小なり水面でジャンプする習性がある．単なるジャンプから，飛び上がって空中に弧を描くように前方へ飛び込むサヨリ，そしてサヨリ型ジャンプがさらに高じて最も長く空中を滑空するのがトビウオの仲間である．

日本近海には約30種のトビウオが分布し，八丈島の「トビウオくさや」，山陰の「アゴ竹輪（ちくわ）」，長崎の「アゴ出汁（だし）」など，各地に有名な特産物がある．

滑空の仕組み

いわゆるトビウオの飛行であるが，大きい胸鰭をあたかも翼のように広

げて見事に滑空するトビウオをフェリーのデッキから見たという話をよく聞く．とくに外洋を航海する船では日常的に見かける場景で，北杜夫さんの『どくとるマンボウ航海記』にはマンボウに関する話は見当たらないが，トビウオの種類と滑空については私の恩師松原喜代松先生の著書を引用して詳しく記されている．また「シケの翌朝に甲板を捜すと，よく青く光って打ちあげられている」と自らの体験が書かれ，さらに話は停泊中の船の灯火に飛び込むことにも及ぶ．

　トビウオの仲間には胸鰭が著しく発達し，飛行機の主翼のように長くて大きい二翼型と，種類によっては胸鰭も腹鰭も長い四翼型とがあり，この翼が滑空の主役をになう．また，尾鰭の後縁は深く切れ込み，上葉より下葉が大きく，上下非対称である．下葉は固くて長く伸び，尾鰭の表面積の61〜64％を占める．トビウオが海面から飛び上がる前には長い胸鰭を体側に密着させて一気に加速し，尾鰭を海中で激しく左右に振って魚体を斜め上方に浮かせて海面へ出ると同時に胸鰭を左右に広げて海面を滑走し，離水すると揚力を利用してグライダーのように滑空する．滑走距離が長い時には尾鰭の運動が航跡として海面に残る（図2-14）．

図2-14　トビウオの滑空（木村清志さん提供）

トビウオは滑空時に広げた胸鰭を鳥の翼のように羽ばたくようには動かさない．ひと飛び数百 m ともいわれるが，滑空距離も滑空時間もまちまちで，高く飛び上がることはなく，海面近くを滑空した後に着水する．引き続き滑空する時には，着水の際，全身が海面へ落ちる前に尾部を下げて尾鰭で海面を強く叩き，点々と尾鰭の航跡を海面に描きながら再び離水する．

一般にこの仲間は表面水温が 20～23℃ 以上の海域に棲息するといわれるが，それには理由がある．空中へ飛び出す際の助走時には尾鰭を激しく振り，その回数は体長 30 cm のトビウオでは約 41.7 回／秒という計算値がある．30 cm のトビウオがこの激しい運動をするために必要な筋肉のはたらきは水温 20℃ 以下では不可能であるので，棲息可能な範囲は暖水域に限定されるというのである．

滑空に適した構造はトビウオの体のあちこちにある．体形は葉巻形で腹面はやや平たい．胃はなく，腸は短くて直走し，食物や排出物が消化管内に長時間溜まることはほとんどない（図 2-15 B）．おもな食物は浮遊性の小型甲殻類で，消化・吸収の効率がよいといわれる．ただ，無胃魚はダツの仲間を含めてほかにも多く，トビウオ特有の構造とはいえない．また

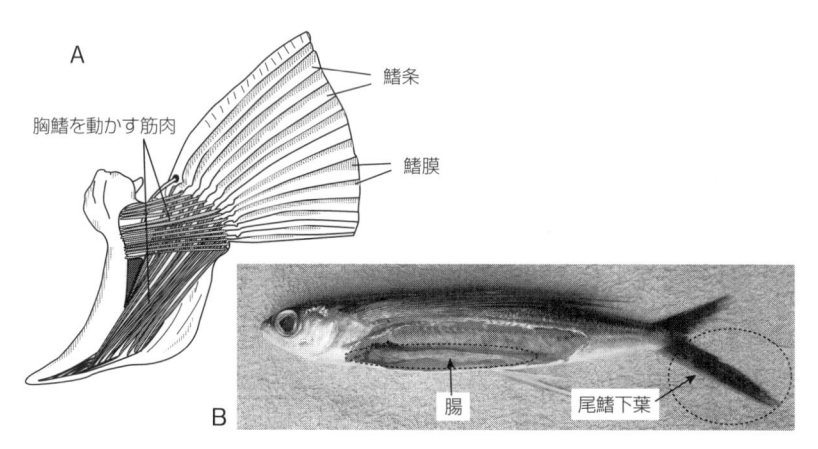

図 2-15　トビウオの胸鰭を支える肩帯の筋肉
　　　　　A：Davenport，1994 を改変．B：腸と尾鰭下葉．

浮力調節にかかわる鰾は大きくて細長く，後端は脊椎骨の腹側に沿って尾部の筋肉中へ伸びる．しかし，この構造もまた他の魚種にも存在し，トビウオだけの特徴ではない．

　滑空の主役である長い胸鰭を支える肩帯は大きく頑丈である（図2–15 A）．鰭を動かす筋肉も発達し，この筋肉重量の体重に対する割合を鳥やコウモリの翼を動かす筋肉と比較すると，後二者ではそれぞれ1：6.2, および1：13.6であるのに対し，トビウオでは1：32であるというから，鳥やコウモリに比べて力不足であることは否めない．滑空前の助走の推進力となる尾鰭のはたらきを支える尾骨と脊椎骨はよく発達する．尾骨を構成する小骨は癒合が進み，離水時の立役者となる下葉を支える板状部はとくに強固である（図2–15 B）．

飛ぶ理由

　トビウオの滑空は捕食者，とくに天敵シイラに追われた時に海から飛び出す逃避行動であるという説がある．海中と空中の間で光の屈折率が違うので，捕食者は空中へ逃げたトビウオを見失い，着水点を予測できないというのである．トビウオ自身の視覚はどうかというと，角膜の形態に特徴があり，海中でも空中でも焦点が合わせやすいという説があるが，眼の網膜の錐体の密度分布から推察して，視軸は前方あるいはやや前上方を向き，水中と空中とで変化することはなかろうといわれる．

　ところでトビウオが頻繁に滑空する真の理由はまだよくわからない．たしかに船上から観察していると，接近する船舶からの逃避行動のように思われるが，トビウオは捕食者の追跡がなくても飛ぶことがあるし，飛んで逃げてもシイラの猛追をかわす効果がないという話を聞いたこともあり，意見はまちまちである．

　なお，トビウオが夜間に船に飛び込む行動であるが，単なる逃避のための行動だけではなく，走光性が高じた一種の遊戯本能の発現ともいわれるが，詳細は不明である．近縁のサンマが強い走光性を示し，群れをなして棒受網の集魚灯に集まる習性は有名で，この点では「飛んで灯に入る夜のアゴ」は本質的に類似しているのかもしれない．

7 ノート
胃，腸，幽門垂

　魚では食物は短い食道を経て胃に入る．しかし，なかには胃をもたない魚がいる．

有胃魚
　魚の胃は入口の部分が噴門部（ふんもんぶ），出口に近い部分が幽門部とよばれるところまでは他の脊椎動物と同じであるが，両者の間に盲嚢部（もうのうぶ）が付属することが多い．盲嚢の発達状態は魚種によって異なり，その大きさによって胃の外形に大きな違いが生じる．たとえば，サケの仲間やタイの仲間などの胃は盲嚢部が不明瞭でU字ないしV字状，イワシの仲間やウナギの仲間などの胃は盲嚢部が後方へ長く突出してY字状，タラの仲間，マグロの仲間，タチウオなどの胃は盲嚢部が著しく発達し，幽門部が盲嚢始部に付着する格好でト字状である．

　胃に食物が入ると胃腺からペプシノゲンと塩酸が分泌され，ペプシノゲンは塩酸によって活性化されてペプシンとなり，酸性の胃液中でタンパク質の消化が始まる．

　胃壁の筋肉層は内臓筋からなり，内側の環走筋層と外側の縦走筋層とによって構成される．多くの魚では胃壁は伸縮性に富み，満腹時には胃は異常に大きく膨らむ．食物に恵まれない深海に棲息し，自身の体より大きい魚をのみ込むオニボウズギスはその極端な例である．

無胃魚
　コイの仲間，サンマ，サヨリ，トビウオの仲間，トウゴロウイワシの仲間，ベラ・ブダイの仲間，カワハギなどの消化管には胃と特定できる器官がない．したがって胃腺もない．これらの魚には咽頭顎（ノート8：47頁）が発達する．のみ込まれた食物は短い食道を経て腸へ送られる．

　いずれにしても生存競争が激しく，いつでも簡単に食物にありつけるとは思われない魚の世界で，食道がいきなり腸につながり，食いだめ可能な胃が見当

たらないと聞くと,首をかしげたくなる.また,彼らの食生活に果たして消化器官としての胃は不要なのか,と疑いたくなるが,その辺の事情はよくわからない.

　胃に続く消化管が腸で,胃の幽門部と腸の境界には括約筋があって腸への通路を開閉する.この構造は胃の中で胃液と食物の混合時間を調節するだけでなく,酸性の消化物が腸へ流入する量の調節のはたらきをする.

幽門垂

　魚,とくに真骨魚類では,腸の入口に幽門垂という独特の盲嚢が付属する.その数と形は魚種によって違う.マアジやスズキなどでは細長くて十数本,ヒラメなどでは太く短くて約4本,キアンコウなどでは2本で少ないが,メジナでは小さくて約150本もある.マイワシ,アユ,マダラ,マサバ,カツオなどでは数えきれないほどの米粒のような幽門垂が一塊になって腸の周囲にまつわりつく.

　幽門垂は無胃魚にはなく,ウナギやアナゴの仲間には胃はあっても幽門垂はない.幽門垂の構造は腸と同じで,食物は入るが滞留時間は比較的短く,腸の前部と同様に食物の消化・吸収がおもな役割という説が主流になっている.水槽中でニジマスやマアジにX線造影剤を投与すると,造影剤は幽門垂に流入する.大型の食物塊は幽門垂に入らないが,流動物はここへ入り,糖類と脂質の消化と吸収が行われることはたしからしい.

腸

　腸はその始部に総胆管と膵管(すいかん)が開き,食物の消化と吸収の中心的役割をする点では高等脊椎動物と変わらない.しかし魚の腸は小腸とか大腸というように区分することは難しい.

　腸の長さや巻き方は魚種によって,また,食性によって大きく異なる.一般に草食動物の腸は相対的に長く,肉食動物の腸は短い傾向があるといわれ,この点では魚も例外ではない.動物食性のクロマグロやキアンコウでは腸が短く,植物食性のアイゴやメジナ,雑食性のフナやボラでは腸が長いことはよく知られている.腹腔内では,短い腸は直走するが,長い腸は複雑に湾曲する.

たとえばニジマスでは腸は比較的短く，ほぼ直走するが，マイワシ，ハタの仲間，タイの仲間などでは腸はやや長く，途中で数回湾曲して肛門に開く．コイやボラなどの腸は著しく長いので，複雑に湾曲した末に肛門に開く．腸の内面は粘膜で覆われるが，粘膜は平坦ではなく，襞のような隆起が多数ある．

サメ・エイの仲間の腸は外見的には短い円筒状で，腸の始部から肛門までの直線距離と同じ長さである．しかし，腸の内部には螺旋階段状の構造，すなわち螺旋弁があり，胃から送り込まれた食物片は腸内を回転しながら後方へ移動する．したがって消化と吸収のはたらきをする上皮の総面積は見かけ以上に広い．

腸壁の筋肉も胃壁と同様に内側の環状筋層と外側の縦走筋層の二層構造になっている．腸に食物が入ると，筋肉の蠕動運動によって肛門方向に送られながら各種消化酵素などのはたらきにより消化が進み，分解された栄養物質は上皮に吸収される．

2-2-3 ウバザメ

ホオジロザメをしのぐ大きいサメと聞けば，凶暴な動物食性のサメを想像する向きもあるだろうが，大きな図体でありながら，プランクトンを好んで食べる3種類のサメがいる．ウバザメ，ジンベエザメ，およびメガマウスザメである．同じプランクトン食性のサメでも，プランクトンのろ過器となる鰓耙の構造にはそれぞれ特徴があり，三者三様の鰓耙を備える．

巨大ザメ

ウバザメは全長約12 mに達する巨大ザメである．体重はイギリスのプリマス沖の全長6 mの個体で1,678 kg，7 mの個体で1,924 kgという記録がある．

このサメの分布域は広く，南北両半球の温帯と寒帯海域の沿岸から外洋に広がるが，熱帯海域にはほとんど出現しない．海面近くでは単独で，また2匹で，時として群れになって，大きい第1背鰭を海面に突き出して泳ぐが，回遊時の動きは鈍い．

英名は basking shark．日向ぼっこをしながら悠々と泳ぐ姿は容易に想

像できる．日本近海にも来遊し，地方によってはバカブカ，バカザメとよばれる．定置網に迷い込み，大きな体が災いして身動きできなくなってしまい，漁師は処置にてこずる．

北東大西洋，なかでもアイルランドやノルウェー近海では古くから銛(もり)を使ってウバザメを仕留める漁業が行われ，肉は食用にもなったが，主目的は大きな肝臓に含まれる豊富な肝油で，灯油，皮なめしなどに利用されてきた．カリフォルニア近海でも1940〜1950年代をピークに銛打ちによるウバザメの捕獲が行われていたが，現在では漁業の対象になっていない．日本でも，かつて三重県志摩地方でウバザメの突きん棒（銛で突く）漁業が行われていたが，現在は行われていない．

遅鈍な性質と関係があるかどうかは定かでないが，このサメの脳の発達程度は低く，頭蓋骨内のスペースのわずか1／16を占めるに過ぎない．体重に対する脳重の比を他のサメの仲間と比較すると，明らかに低い値を示す．しかし，運動統御に深くかかわる小脳体は大きくて複雑に切れ込む皺(しゅう)襞(へき)が発達し，ジンベエザメには及ばないが，活動的なアオザメなどと比較しても引けをとらない．

プランクトン食性

ウバザメがプランクトン食性であることは胃を切開すると，動物プランクトンを主体に，小型甲殻類やその幼生，魚卵など含む濃厚なスープが出現することを見ればすぐわかる．両顎に並ぶ多数の歯はきわめて小さく，わずか数mmの円錐歯で，とても大型の獲物に噛みつける代物ではない．しかし，剛毛状の細長い鰓耙がよく発達し，成魚では鰓耙は長さ約15cmで，1鰓弓当たり1,000〜1,300本が櫛の歯のように並ぶ（図2-16）．そして口は大きく開き，鰓孔は異常に大きく，5対の鰓孔は頭部の腹面近くから背面近くまで開き，側面観はあたかも5本の首輪を巻いているようである．鰓耙は鰓孔が閉じている時は鰓弓表面にたたまれているが，口と鰓孔が開いてろ過食が始まると，大きく広がって隣接する鰓弓の鰓耙と交差してプランクトンをろ過する篩(ふるい)を形成する．

ウバザメの摂食方法はいわゆる押し込み方式で，大口を開いて前進しな

鰓耙 ―

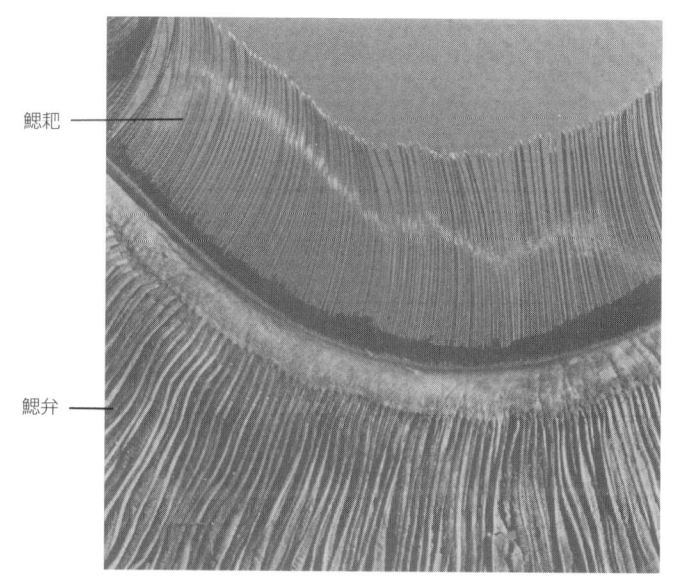

鰓弁 ―

図2-16 ウバザメの鰓耙 (White, 1937)

がらプランクトンを海水もろとも口内に取り入れ，鰓弓に並ぶ多数の鰓耙の篩でこしとってのみ込む．遊泳速度の計測結果では全長4.0～6.5 mのウバザメが口を大きく開いてろ過食中の平均速度は0.85 m／秒であるが，口を閉じて摂食以外の遊泳をする時の巡航速度は平均1.08 m／秒で，ろ過食時には速度を約24％落とすという．口を開いてプランクトンを含む大量の海水を口内に流し込む際に速く泳げば水の抵抗が大きく，消費エネルギーも多くなる．省エネ泳法で泳ぐことを心得ているのである．

行動追跡

　ウバザメは海面近くに群れをなして出現することがあり，イギリス南西部沖では5～7月に餌場となる潮目付近でよく見られ，求愛行動と関係があるといわれる．もちろん，すべてが群れというのではなく，一つがいの場合もあれば，3匹あるいは4匹の場合もある．5～8 mの成魚が密着して列をなしたり，わき腹を寄せあったり，並行して泳いだりする行動が観察されていて，先頭は雌であるところから求愛行動と推察されている．交

尾行動はおそらく潜行して行われるのであろう．

なお，このサメは他の軟骨魚類と同様に鰾がないが，肝臓が著しく大きく，その重量は体重の15〜26％に達し，深海に棲息するユメザメの29.5％には及ばないが，タラの4％よりはるかに大きい．肝臓に多量に含まれる低比重の肝油のおかげでこのサメは鰾がなくても中性浮力を維持することができる．肝臓に含まれる炭化水素の組成は胃内のプランクトンのそれと一致することから，これらは消化管で分解されることなく，肝臓に送られて蓄積されるのである．

北海では10月以降，冬に向かって表層のプランクトンが少なくなると，ウバザメが漁船に見つかる機会は少なくなり，かつ，鰓耙が抜け落ちた個体も捕獲されるので，鰓耙が再生して出そろう2月ごろまで，体のエネルギーを温存するために底層に潜って冬眠するといわれていた．

ところが，バイオテレメトリーによるウバザメの行動の研究が進み，このサメは水平的にも鉛直的にも季節を問わずよく動くことが明らかになってきた．彼らは外洋ではコペポーダやオキアミのようなプランクトンの集団の日周性鉛直回遊を追うように，日暮れに浮上し，夜明けに潜行する．しかし，潮目が形成されやすい大陸棚の岸寄りの海域では昼間に表層で活発に摂食活動を行い，日周性行動は逆転し，日暮れに潜行し，明け方に浮上するという．

冬眠説が提唱されたイギリス近海では，ウバザメは春，夏，冬を問わず，大陸棚から大陸斜面の表層海域で広範囲にわたって行動し，鉛直的にも水深750〜1,000 mの深海まで潜行して動物プランクトンの群れを探すことが明らかにされた．たしかに冬になるとプランクトン量は減少し，また，鰓耙が生え変わる個体もあるが，ウバザメの摂食行動は続き，冬眠するという証拠は見つからないという．肝臓に含まれる脂質は冬でも肝臓重量の73％あり，この値はプランクトンを大量に摂食する夏の70〜78％とほとんど変わらないこともウバザメの冬眠説を否定する根拠の一つになっている．

北大西洋では，さらに大規模な回遊をするウバザメがいる．ある個体は

6月にイギリス沿岸で放流されると西方へ向かい，大西洋を横断し，8月にはカナダのニューファンドランド東方の大陸棚縁辺海域へ到達して巡回行動を続けたという．この渡洋回遊では，水平距離で9,589 kmの長旅をしたことが記録されているが，ひたすら表層を水平的に遊泳したのではなく，鉛直的にも鉛直回遊を繰り返し，最深1,264 mまで潜水することが明らかになった．そして，今まで隔離されていると考えられていたウバザメのヨーロッパ個体群とアメリカ個体群の間の交流が取り沙汰されるようになってきた．

　もう一つ注目すべき報告がある．ウバザメは熱帯海域には出現しないというのが定説であったが，バイオテレメトリーによる行動追跡によってその定説は覆されたのである．アメリカ北東部マサチューセッツ州のコッド岬沖で放流されたウバザメは南下してバハマ諸島（2匹），南アメリカのガイアナ沖（1匹），さらに赤道を通過してブラジル中部近海（2匹）まで回遊する事実が明らかにされ，熱帯の海は彼らの回遊の障壁にはならない事例として注目されている．熱帯海域では彼らの遊泳層の中心は水深200〜1,000 mの低水温層にあることも同時に明らかになっている．

❽ ノート
鰓耙，咽頭顎

鰓耙

　鰓耙は鰓を支える鰓弓に付属する構造物で，魚の摂食に深くかかわる装置である．水中に棲息する魚では，呼吸水の流れとともに口腔へ取り込まれた小さい食物は呼吸水といっしょに鰓腔へ入り，ガス交換を終えた排水とともに鰓孔から体外へ出てしまう恐れがある．小さい食物を消化管へのみ込むためには，呼吸水が鰓腔へ流入する前にこれをこし取る必要があり，その役目をするのが鰓耙である．

　鰓耙の形と数は魚種によって異なり，通常，その魚の食性と関係がある．鰓

耙はサメ・エイの仲間では一部の例外を除き，あまり発達しないが，真骨魚類では棒状，へら状，歯状，小棘が並ぶこぶ状など，形も数も魚種によってさまざまである．

マイワシ，コノシロ，ボラなどのように，プランクトンやデトリタスなど，微小な食物を摂食する魚では，鰓耙は細長くて密生する．たとえば，マイワシでは成魚の第1鰓弓前列の鰓耙数は150本以上あり，各鰓耙には細い二次突起が付属し，これらを広げると鰓耙の立体構造は細かい網目の篩になる（図2-17）．マイワシの大群がそろって口を開いたまま泳ぐ映像をよく見かけるが，これはプランクトンネットを引きながら前進し，呼吸水もろともプランクトンを口腔へ押し込み，鰓耙の篩でこし取っている状態である．このような摂食方法はろ過食とよばれる．

魚食性の魚，たとえばタチウオなどでは鰓耙は短く，表面に鋭い歯状突起が

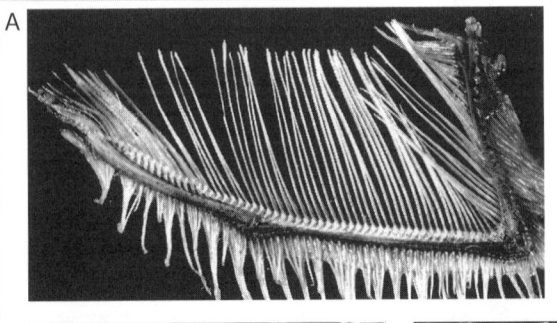

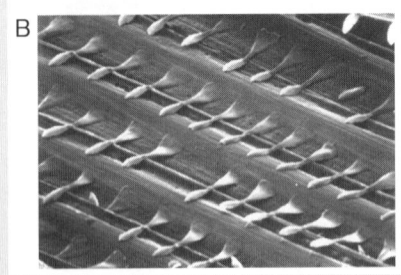

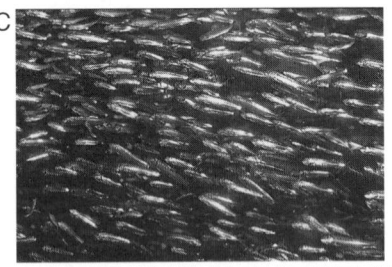

図2-17　A：マイワシの鰓耙（木村清志さん提供）
　　　　B：鰓耙上のスプーン状突起
　　　　C：群泳するマイワシ

多数並ぶし，ハモやアンコウにいたっては，大型の食物をのみ込むのに邪魔といわんばかりに，鰓耙はまったく存在しない．

咽頭顎

　真骨魚類では最後部の鰓弓は咽頭歯を備え，口の顎と同じようなはたらきをするので，咽頭顎の名がある．顎の歯が貧弱な魚には強力な咽頭歯が発達し，事実上の顎の役をする．咽頭顎の背部は頭蓋骨の下にぶら下がり，後側部と腹部は筋肉によって胸鰭を支える肩帯や舌につながる骨などと連結し，背腹，左右の方向に動き，食物の切断，破砕，すり潰しなど，物理的なはたらきによって化学的消化の下ごしらえをする．

　ベラ・ブダイの仲間，コイの仲間などのような無胃魚では，程度の差はあっても咽頭顎が発達する．ベラの仲間のうち硬い貝などを食べる種類では食物の破砕に適した臼歯状の咽頭歯が並ぶ．ブダイの仲間の咽頭顎は平たい歯がモザイク細工のように並ぶ歯板になっている．コイの仲間では臼歯状の下咽頭歯だけが発達し，左右の咽頭歯で食物を押し潰すとともに，咽頭背部にある角質の咀嚼台と下咽頭歯とで咀嚼する．無胃魚では，食物は咽頭から食道を経て直接腸へ送られる．したがって，食物の化学的消化は腸で始まることになるので，化学的消化の前処理をする咽頭顎の役割は大きい．

　顎の歯も胃もある魚でも硬い食物を食べる種類，たとえば一部のアジの仲間やタイの仲間，ニベの仲間などにも立派な咽頭顎がある．また魚食性ウツボのように顎の歯も咽頭顎の歯も鋭く，咽頭顎は前後に可動式になっていて，顎歯で獲物に噛みつくと咽頭顎が前へ移動して獲物をくわえて食道へ送り込むという珍しい例もある．

　フグの仲間では胃は名ばかりで，胃には消化酵素を分泌する機能がないが，咽頭歯の発達は不十分で，わずかに微小な上咽頭歯があるだけで，下咽頭歯はない．

2−2−4　メンヘイデン（ニシンの仲間）

　アメリカ大西洋岸からメキシコ湾沿いに体長約 30〜40 cm になるメンヘイデン menhaden とよばれる何種類かのニシンの仲間がいる（図 2−18 A）．マイワシと比較して体高が高く，体形は違うが，群れをなしてプランクトンを鰓耙でこし取って摂食する点ではよく似ている．アメリカ東部の沿岸海域のメンヘイデンの鰓耙の基本構造はマイワシと変わらないが，密生する細長い鰓耙上に並ぶ無数の小刺状突起は，先端がへら状のマイワシの小突起とは形が違う．小突起間の間隔の平均値は尾叉長約 10 cm 以下では 12 μm，それ以上になると徐々に広くなり 20 cm で 37 μm になって安定する．メンヘイデンはこの細かい網目の篩でプランクトンをこし取るのである．彼らは口を開いて泳ぎながらプランクトンネットを引くように押し込み方式の摂食をするので，かなりのエネルギーを必要とするはずである．実験室の水温 20℃のタンクで 12 匹の成魚を使って，食物となる珪藻の有無，遊泳速度，および酸素消費量の関係を調べた結果，珪藻がない時には平均遊泳速度は 12.2 cm／秒（0.47 BL／秒），酸素消費量は 0.10 mg／体重 1 g／1 時間であるが，珪藻群を加えて摂食が始まると，遊泳速度は 2.4〜3.5 倍に急上昇し，酸素消費量も 2.2〜5.4 倍に増加するといい，ろ過食には多大のエネルギーの消費を伴うことがよくわかる．

超音波を聞き取る魚

　魚に聞こえる音の周波数の範囲は可聴周波数領域とよばれ，種類によって違う．

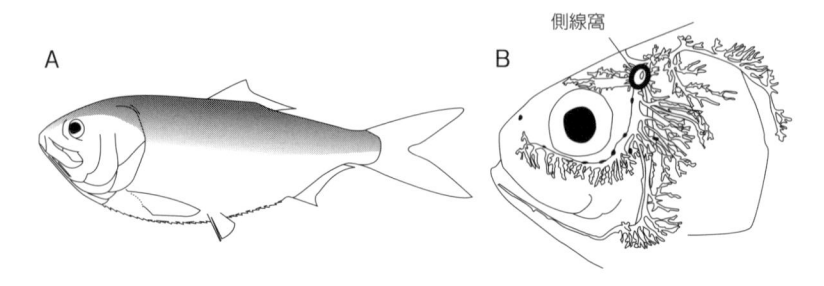

図 2−18　メンヘイデン（A）と頭部側線系（B）（Hoss and Blaxter, 1982 を改変）

メキシコ湾沿海のメンヘイデンを含むニシンの仲間の一部には私たちが聞くことのできない 20 kHz 以上の高周波音，すなわち超音波を聞き取る種類がいるといわれ，世間の注目を浴びている．

メンヘイデンと同じくアメリカ東部沿岸海域に棲息するシャッド shad は音に対して敏感で，同じニシンの仲間でも可聴周波数領域が広く，その上限は約 4〜5 kHz のニシン，ヨーロッパのマイワシ，カタクチイワシ，サッパの仲間などと比較すると格段に高いのである．すなわち，シャッドは静かな棲息場所や小さい実験タンク内では可聴周波数領域が 100 Hz〜180 kHz で，とくに 200〜800 Hz の音に敏感なことがわかっていたが，雑音が交錯する水中でも聴覚が鈍ることはなく，25〜180 kHz の超音波にも敏感に反応することがわかったのである．そして彼らは周波数 70〜110 kHz の超音波を聞くとあわてて逃避行動を起こす．イルカの仲間が周囲の障害物や生物の存在を確認する目的で発するクリック音の周波数は 60〜170 kHz といわれ，シャッドはいち早く手ごわい捕食者イルカの接近を感知して逃避行動をすると解説されている．シャッドは稚魚期から超音波に反応し始めて，全長 18〜25 mm の稚魚の 10〜40% が，成長して全長 28〜67.5 mm になると 70〜100% が周波数 90 kHz の超音波に反応することが明らかにされている．これはシャッドが超音波を聞き取るには内耳の卵形嚢とそれに付属する聴胞器の特殊な受容構造の完成が必要なことを示唆するといわれる．

シャッドの鰾の前端から頭の方向へ伸びる細管は左右に分かれ，その先端は聴胞器とよばれる小さい袋に連絡する．聴胞器の中は膜で仕切られてガスを含む小室と内リンパ液を含む小室とに分かれている．聴胞器は内耳の卵形嚢につながる．この聴胞器が超音波の受容にかかわるといわれる．ただし，メンヘイデンでは超音波の伝達経路は必ずしも鰾経由ではないようである．

メキシコ湾のメンヘイデンの聴覚の研究では，彼らは 80 kHz の超音波を聞き取ることが明らかにされている．メンヘイデンの超音波受容には卵形嚢と聴胞器の受容構造に加えて，聴胞器に接する頭部側線系の側線窩

(凹所) とよばれる構造が重要な役割を果たすらしい (図2-18 B). メンヘイデンやシャッドなど, 多くのニシンの仲間の頭部側線管は非常によく発達するが, その複雑な側線分枝は側線窩を中心にして広がっている. 側線窩は内側で聴胞器に連絡していて, メンヘイデンは側線窩の薄い膜の一部分を切除すると超音波を聞き取ることができなくなることが実証され, 側線窩 – 聴胞器 – 卵形嚢の連結構造が超音波の受容に関与すると指摘されている.

ニシンの聴覚

ニシンも超音波を聞き取るという話がある. しかし, これには異論がある. たしかにニシンの鰾はシャッドやメンヘイデンと同様に典型的なニシン型の構造になっているが, この魚は周波数 100 Hz～5 kHz の範囲の音なら聞き取ることができるが, それ以上の高周波の超音波は可聴領域外になるといわれる. ニシンは鰾の後端から肛門付近に開口する細管を通して頻繁に気泡を放出する. その際に 1.7～22 kHz のカチカチという短い破裂音を発する. ニシンの群れが気泡の幕を張って捕食者の襲撃を避けようとする習性は知られているが, チームを組んで頭脳的な狩りを仕掛けてくるシャチに太刀打ちできないことはいうまでもない.

また, 大西洋のマダラの仲間は学習実験によって強い超音波には反応することが確認されているが, 遊泳中の彼らは実際にイルカが発する超音波に反応して逃避行動を起こすことはないという研究結果もある.

❾ ノート
魚の聴覚, 鰾, 側線系

聴覚

魚には耳たぶのついた外耳がないので, 耳がないと思う人が多いが, 頭蓋骨の左右両端には立派な内耳が存在する. 内耳は前, 後, 水平の3個の半規管と, 卵形嚢 (通嚢), 球形嚢 (小嚢), 壷の3個の耳石器官によって構成され,

聴覚と平衡感覚とにかかわる（図3-8B：89頁）．真骨魚類の耳石器官にはそれぞれ炭酸カルシウムの結晶によって構成される耳石が含まれる．耳石には成長速度や含有化学成分など，魚の生活履歴が刻まれていて，年齢査定や棲息場所の変化の推定にも使われる．サメ・エイの仲間には耳石はないが，炭酸カルシウムの顆粒群が存在する．魚はこの外から見えない内耳で水中の音を聞き取ると同時に，体の平衡を保つことができるのである．

　水中では自然発生的な雑音に加えて船や種々の機械音などの人為的雑音が交錯していて，魚の聴覚を妨げていることは事実であるが，魚はその生活環境に適応し，生活に音の情報を巧みに利用する．ただ，雑音の影響がまったくないとはいえず，コイの仲間のように音に敏感な魚は雑音の影響を受けやすく，雑音によって聴覚の機能は低下する．

　水中を行き交う音の中には，魚の捕食者が発する音，餌になる動物が発する音など，魚の生活に直結する情報も含まれていて，魚はこれらの音を聞き分けて行動する．彼ら自身も泳ぐことによって音を出すし，摂食する時にも音が出るし，さらに「なわばり」保持や生殖行動目的で音を発する魚もいるので，音と魚の生活との関係は密接であり複雑である．

　ところで，私たちの耳の可聴周波数領域は，低い音では約20ヘルツ（Hz）から高い音では約20,000 Hz（20 kHz）といわれる．魚の可聴周波数領域は，超音波または超低周波音を感知する一部の種類を除くと，約50 Hzから2 kHzの間といわれる．

鰾

　鰾は消化管から分化してできた魚に特有の器官であるが，サメ・エイの仲間にはない．真骨魚類では鰾は発生の初期に消化管前部の背側から気管が伸びて形成され，ウナギの仲間，イワシの仲間，サケの仲間，コイの仲間などでは成魚になっても気管は消失せず，開鰾とよばれる．しかしタラの仲間，タイの仲間，スズキの仲間などでは気管は稚魚になるまでに消失して鰾と消化管との連絡はなくなり，閉鰾とよばれる．開鰾は口から吸い込んだガスを取り入れるが，閉鰾のガスは血液を通して補給される．なお，ウナギの鰾は開鰾であるがガスの補給は血液を通して行われる．

一部の底棲性の深海魚や，浅海域でもヒラメ・カレイの仲間のように鰾がない魚もいる．また空気呼吸ができる肉鰭魚類のハイギョや軟質魚類のポリプテルスなどの鰾（肺）は気管を通して消化管の腹側に開口する．

鰾の外形は魚種によってさまざまで，イワシの仲間やサケの仲間などでは細長い管形，コイの仲間ではダンベル形，スズキの仲間では卵形，タラの仲間では袋形で前端に1対に盲嚢が突出し，ニベの仲間ではさまざまで，なかには外縁に多数の樹枝状突起が付属するものもある（図3-8C：89頁）．

鰾はハイギョなどの空気呼吸に適応して発達したといわれるが，現存の多くの真骨魚類ではガスの吸入によって発音，聴覚補助，魚体の浮力調節などのはたらきをする．

一般に鰾を内蔵する魚は，鰾がない魚より聴覚は優れている．同じ回遊魚でも，鰾があるキハダは鰾を欠くスマより弱い音を聞き取ることができる．これは鰾が音の伝達にかかわるためといわれる．また，マダラの鰾からガスを抜き取ると，明らかに聴覚は鈍くなるという報告もあり，魚体内のガスが聴覚にかかわることは否定できない．

内耳と鰾の間に特殊な連絡構造をもつ魚は間違いなく音に敏感である（図2-19）．コイの仲間やナマズの仲間は，脊椎骨に付属する骨から変化したウェ

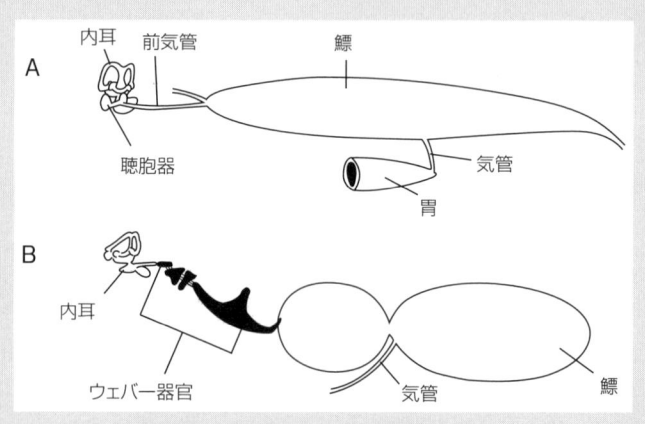

図2-19 鰾と内耳の連絡様式
A：マイワシ，B：コイ．

バー器官とよばれる小さい骨片の鎖が鰾と内耳の間を連結していて,魚体の表面を刺激する音はガスが充満する鰾にも伝わり,ウェバー器官を経由して内耳へ届くので聴覚は一層よくなるのである.

　ニシン・イワシの仲間では,鰾は気管によって消化管につながるほかに,前端は細管によって内耳と連絡する.

　チゴダラの仲間,イットウダイの仲間,クロサギの仲間などでは,鰾の前端に左右1対の角のような突起があり,この突起が前方に延長して内耳と接する.イットウダイの仲間には鰾と内耳の間に振動の伝達構造をもつ種類と,もたない種類とがいて,両者の聴覚を比較すると,明らかに前者が優れている.

側線感覚

　水界で生活する魚にとって側線感覚は重要な役割を果たし,「離れた位置で感じる触覚」ともいわれる.大げさにいえば,魚の摂食行動は化学感覚や視覚とともに側線感覚の助けを借りて実を結ぶといえる.

　側線は魚やカエルなど,水中に棲息する一部の脊椎動物に特有の感覚器で,水の流れや水中の音の振動を感受する.多くの魚には体の側面を頭から尾に向かって皮膚の中を走る細い管状の側線があり,開口部は表面からは鱗あるいは体表に点々と列をなして並ぶ小さい孔の列として見ることができる(図2-20).側線は頭部にもあり,眼の周囲,鰓蓋の表面,下顎に枝分かれして分布する.側線の内腔には管液が充満し,内腔壁には超小型のタマネギ状の感丘が多数並ぶ.感丘の構造は内耳の感覚上皮の構造と同じで,感覚細胞の表面の感覚毛を覆うゼラチン質のクプラで刺激を敏感にとらえ,その情報は前・後側線神経を通して脳へ伝えられる.この構造は管器とよばれるが,管器とは別に体表に露出して並ぶ遊離感丘を備える魚も少なくない.側線が感受する振動の周波数は約200 Hz以下で,比較的近い振動源によく反応する.

　体側の側線は通常1本で,コイ,サケ,スズキなどのように,鰓蓋上縁から尾鰭に向かって体側中央部を走るのが基本型であるが,ミシマオコゼのように体の背側にかたよって走る型,サンマやサヨリのように体側の腹側沿いに走る型,スズメダイのように途中でいったん途切れる型,ニジョウサバのように2本走る型,アイナメのように5本走る型(ただし中央部の1本を除き,残り

の4本の側線には感丘がなく，それらの機能は不明)．ダイナンギンポの仲間のように体側に多数の分枝が網目状に並ぶ型など，その分布様式は魚種によってさまざまである（図2-20）．イワシやニシンの仲間には体側の側線管はないが，体表に露出した感丘が多数分布する．

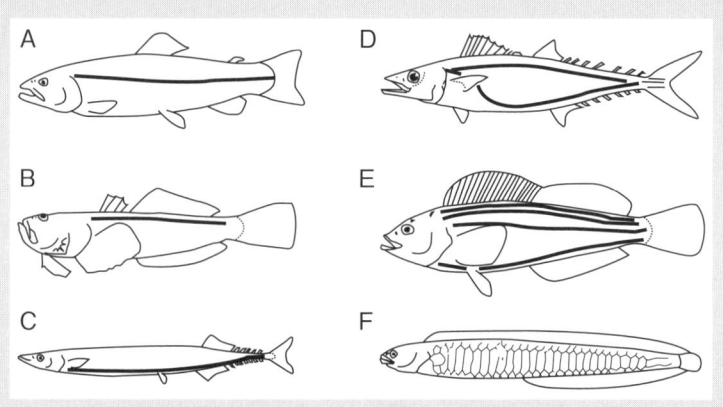

図2-20 真骨魚類の体側側線の走行様式
A：サケ，B：ミシマオコゼ，C：サンマ，D：ニジョウサバ，E：アイナメ（5本目の側線は腹側），F：ダイナンギンポ．

2-2-5 ボラ

ボラは浅海域では底層で摂食行動をすることが多く，必ずしも表層の魚とはいえないが，外海では群れで行動をすることが多いので表層の魚の仲間に入れた．この魚，浅海域に出現する魚にしては珍しく分布範囲がきわめて広く，全世界の温帯・熱帯海域に棲息する．この点について，世界のいくつかの海域に認められているグループ間の遺伝的関係の検討など，比較研究の必要性が指摘されている．

日本でもボラは春になると大量の若魚が各地の海岸に現れ，感潮域から川の下流にまで入り込む．かつて大阪湾へ注ぐ溝のような小川の流入口で，緩やかな流れに向かって，じっと動かずに密集する若ボラの群れを見

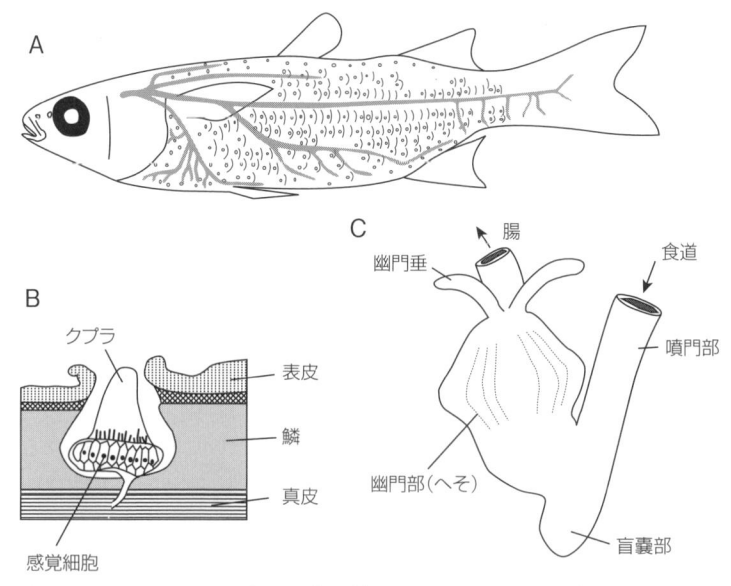

図 2-21　A：ボラの仲間の後側線神経とその分枝の分布図
　　　　　鱗上の○印は側線の開孔部（Freihofer, 1972 を改変）.
　　　　　B：ボラの鱗中の感丘
　　　　　C：ボラの胃（Suyehiro, 1942 を改変）

たことがある．簡単に手づかみできそうに見えたが，橋の上から枯葉を落とすと蜘蛛の子を散らすように四方八方に散らばった．ボラは漁師も舌を巻くほどすばしこい．ボラには一見してそれとわかる側線はないが，れっきとした側線器官がある（図 2-21 A）．ボラの体側の硬い鱗は，多い部位では十数縦列に並び，その一枚一枚には 1 個の孔が開いていて，中に受容器となる感丘があり，そのクプラの先端は体表近くまで突出する（図 2-21 B）．これらの感丘は後側線神経の分枝の支配下にある．つまり，スズキのような明瞭な側線は見えなくても，ボラは十列以上の側線を備えるようなもので，水流の乱れに敏感であっても不思議ではない．側線感覚だけでなく，ボラは聴覚にも視覚にも長けている．

食性

　ボラの若魚の摂食行動は小川の底などで川上へ向かって定位して動かない群れを見ればよくわかる．彼らは口を小刻みに動かしながら，川底の泥や砂に付着する微小藻類，デトリタスなどを食べているのである．ボラの食性は成長段階や季節によって多少変わるが，胃内容物には総じて砂を含むデトリタス，微小藻類，小型甲殻類などが多い．こうした食性は摂食・消化器官の形態に反映されている．

　口はやや前下方向きに開き，両顎の歯は小さく，へら状または，双葉状歯の先端部だけが表面に露出するが，噛みつき動作には不向きである．

　鰓耙は薄くて細長く，密生し，表面に鉤状の微小突起が多数並ぶ．咽頭歯は発達しないが，咽頭後背部の上咽頭歯の位置に咽頭器官とよばれる囊状構造が発達し，その表面に顎歯に似た細長い微小歯が並ぶ．咽頭器官は摂食行動に伴って前後に微動し，微小食物を集積する役割があるといわれる．

ボラの「へそ」

　胃の形はボラの大きい特徴となる．腸へつながる胃の幽門部の筋肉壁の環走筋層は著しく肥厚して硬く，いわゆる「へそ」または「ソロバン玉」を形成する（図2-21 C）．ここでデトリタスなどの微小食物は揉み潰される．「へそ」の形は鳥類の筋胃あるいは砂囊，俗にいうスナギモ（砂肝）に似ている．スナギモになぞらえたのかどうかは知らないが，ボラの「へそ」の串焼きを好む人は少なくないようで，グルメの本には「珍味である」と書いてある．

　腸は細長く，腹腔内を前後に複雑に湾曲する．その長さは体長の5～6倍，あるいは腸始部から肛門までの直線距離の10～11倍に達する．典型的な植物食性あるいは雑食性の腸である（ノート7：41頁）．

回遊と群れ

　暖かい季節には内湾に入り込んで朝夕，海面に音を立てて派手にジャンプして釣り人を悔しがらせた大ボラも，時には河口に入って成長した若魚も秋になって水温が下がり始めると，深みへ移動し，なかには外海へ出る群れもある．

ところで回遊中のボラはよく群れをつくる．アメリカ東南部沿海で産卵回遊中の20～40 cmのボラの群れを上空から追跡した記録によると，群れの輪郭はいろいろの幾何学模様を呈し，円形，円盤形，長円形，三角形，三日月形，帯形等々と万華鏡のように変化するという．そして進行中の群れは，時々，突然方向転換をする．群れの形の変化や方向転換にはそれなりの意味がある．魚が編隊を組んで同じ方向へ長時間泳ぎ続けると，最後部を泳ぐ個体は前を進む仲間が呼吸した残り水で呼吸することになり，群れの運動により水の撹拌があっても，群れの後端では酸素不足が生じることは間違いない．群れの向きや形が変われば，後部で息苦しさに耐えかねて不規則な泳ぎをしていた個体は群れの前部または周辺部に出て，新鮮な水にありつけるようになる．

　この大西洋の野外研究では，海面下60～120 cmを遊泳中のボラの群れの内部および周辺の溶存酸素量の測定によって，大型の群れ（幅30 m，前後150 m）の後部では溶存酸素量は前部に比べて9.1～28.8％も減少することが明らかにされている．こうなると群れに行動の乱れが生じる．すなわち群れの前部と外側近くの個体は整然と並んで泳いでいるが，中央部では群れの構造にまとまりがなくなっている．さらに群れの後部約1/3の部分では混乱が生じ，息苦しさに耐えかねて海面へ口を突き出して海面をかき乱す個体がいる．この場合，溶存酸素量は群れの前部から後部へ向かってなだらかに減るのではなく，後部で急激に減り，群れが際立って乱れる位置とほぼ一致するという．

　魚の群れについては捕食者に対する防衛効果など，いくつかの利点が指摘されているが，群れが大きくなり過ぎると群れの中の個々の魚には不利益も生じやすくなる．

⑩ ノート
肝臓，胆嚢，膵臓(すいぞう)

　肝臓も胆嚢も膵臓も消化にかかわる重要な器官で，いずれも発生の初期に消化管から突出し，分化して形成される（図2-22）．そして終生，導管によって腸とつながっている．

肝臓
　「海のフォアグラ」と愛好家が賞賛する「アンキモ」はアンコウの肝臓．「身より肝(きも)がうまい」という俗信で悲劇を招くのはトラフグの肝臓．たしかに前者は美味だが，フグ毒の貯蔵庫ともいえる後者は危険きわまりない．魚の肝臓はふつう胃に接して位置し，左右2葉からなる．なかにはアユに見られるように単葉に近い例もあるし，マダラやマグロの仲間のように3葉に分かれる例や，コイのように腸の周囲にまつわりついて不定形に見える例もある．

　肝臓の大きさは魚種によって，季節によって，あるいは雌雄によって違うことが多い．肝臓の大きさを比較する時には比肝重値（肝臓重量÷体重×100）が目安になる．真骨魚類では比肝重値はマダラ，アンコウ，クサフグなどのように4〜10に達するものもあるが，多くは1〜2である．しかし，脂質を多く含むサメの肝臓は著しく大きく，比肝重値は10〜20に達する．

　肝臓は胆汁を産生することで消化にかかわるが，そのほかにも種々の物質を合成したり，貯蔵したり，分解したりする工場であり，毒物の処理場でもあって，生命の維持に重要な役割を果たす．

　肝臓の血管系，とくに静脈の分布には大きな特徴があり，腸，胃，脾臓(ひぞう)などからの静脈血はすべて肝臓へ集まる．消化管から血管に吸収された成分は有用なものも無用なものも，すべて肝臓に集まる．つまり心臓へ戻る静脈血は一本の静脈に集合して肝臓へ入り，肝臓内で無数の毛細血管に枝分かれして肝門脈を形成する．こうして肝門脈の血液は肝臓へ寄り道をして，肝細胞の網目をくぐり抜けながら工場のさまざまな作業工程に乗せられることになる．この複雑な作業が終わった静脈血は後主静脈(こうしゅじょうみゃく)へ入って心臓へ戻る．

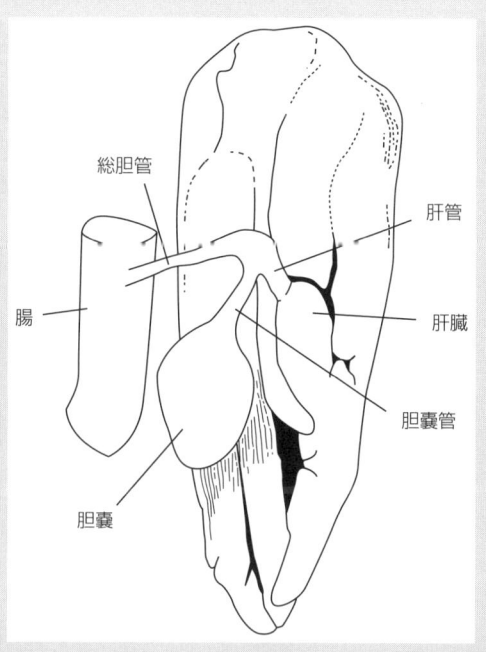

図2−22　ショウサイフグの胆嚢（Suyehiro, 1942を改変）

　多岐にわたる肝臓の機能は個体維持にとどまらず，種族維持にもかかわる．多くの真骨魚類では，産卵期が近づくと雌の肝臓が目立って大きくなり，比肝重値は雄と比べて明らかに大きくなり，2倍以上になることがある．これは産卵準備のために雌の卵巣から分泌される雌性ホルモンの刺激を受け，肝臓で卵黄タンパク質前駆体のビテロゲニンをつくる作業が活発になるためである．肝臓で産生されたビテロゲニンは血管系を通して卵巣へ運ばれ，卵黄タンパク質となり，卵内に蓄積されて卵の成熟が進む．

胆嚢
　胆嚢は肝臓と腸の中間にあり，腸へ送り込まれる胆汁の一時的な貯蔵袋であるとともに，肝臓で処理された毒物などを腸へ送り出す通路にもなる．
　胆嚢は肝臓に密接することが多く，サメ・エイの仲間では通常，肝臓に埋もれるように横たわる．多くの真骨魚類では胆嚢は存在場所も形も魚種によって

さまざまであるが、通常、肝臓から分離して胃の近くや、腸に接して位置し、なかには肝臓に半ば埋もれている例もある。

胆嚢の形は、卵形（ウナギ、マイワシ、コイ、アンコウ、ヒラメ、トラフグなど）や楕円体（サンマ、スズキ、カナガシラ、マダラなど）が多いが、細長いソーセージ形（マアジ、マサバ、カツオ・マグロの仲間、メカジキなど）もある。その大きさもまた魚種によって違い、同一個体でも消化管内に食物があるか、ないかによって変化する。

胆汁の色は黄色または緑色であるが、胆汁に含まれる胆汁色素の組成比に左右される。おもな胆汁色素には橙黄色のビリルビンと、青緑色のビリベルジンとがあり、胆嚢は前者が多いと黄色を呈し、後者が多いと青緑色または緑色を呈する。

胆汁は必要に応じて肝管から総胆管を経由して腸の始部へ分泌される。その主要な成分は胆汁酸と胆汁色素で、胆汁酸は腸内で脂質の消化と吸収の補助作用をする。胃や腸に食物が存在すると、胆汁の分泌活動は活発になり、胆嚢にはほとんど蓄積されない。しかし、空腹状態になると、胆汁は肝管から胆嚢管へと経路を変えて胆嚢に蓄積されるので胆嚢は大きく膨らむ。胆嚢では胆汁中の水分が胆嚢壁を通して再吸収され、胆汁は濃縮されて色が濃くなる。腸に再び食物が入ってくると、胆嚢に蓄積されていた胆汁は胆嚢管を経て総胆管へ出て腸へ送り込まれる仕組みになっている。

胆汁の分泌にはホルモンもかかわる。その名をコレシストキニン（CCK）といい、CCKの分泌に関与する細胞は腸の上皮中のほか、広く胆嚢、胃、脳などにも存在し、胆汁の分泌だけでなく、膵臓酵素の分泌や腸の蠕動運動にかかわるなど、種々の消化機能と深い関係がある。

胆汁分泌との関係ではCCKは神経系と連係して胆嚢壁を収縮させて胆汁を胆嚢管へ放出する。ニジマスでは、胃で消化作用を受けて酸性になった食物片が腸に入ると、その刺激を受けてCCK細胞から分泌されたCCKは、自律神経系を介して胆嚢を刺激する。すると胆嚢壁の収縮運動が活発になって胆汁を放出し、胆汁は総胆管を通して腸へ分泌される。また、腸の始部に脂質やアミノ酸、または微量の塩酸を注入すると、CCKの分泌が促され、その結果、胆嚢壁の収縮運動が活発になる。

膵臓

　膵臓は膵管を通して腸の始部と連絡している．サメ・エイの仲間の膵臓は胃の幽門部と腸の境界近くに付着している．しかしほとんどの真骨魚類では膵臓は消化器官などに沿って樹枝状に広がる腺構造からなり，肉眼で見ることは難しい．さらにコイ，マダイ，ブダイ，マハゼ，ヒラメなどでは，膵臓組織は肝門脈を取り巻くようにして肝臓内に侵入して広がり，いわゆる肝膵臓を形成する．コイでは膵臓組織は脾臓の中にまで広がっている．

　機能の面では，膵臓は消化酵素を産生する外分泌腺であると同時に，ホルモンを産生する膵島（ランゲルハンス島）を内蔵し，内分泌活動にも携わり，生理的に重要なはたらきをする．なお，マダラ，アンコウ，シイラなど，かなり多くの真骨魚類では膵島は膵臓組織内にとどまず，1～数個の独立した小体になって幽門垂や胆嚢の近くにも点在し，肉眼で見ることができる．

　外分泌腺としての膵臓の主たる役割は炭水化物の分解にかかわるアミラーゼ，脂質の分解にかかわるリパーゼ，タンパク質の分解にかかわるトリプシンの前駆体トリプシノゲンなどを産生することで，これらを含む膵液は膵管を通して総胆管の近くで腸へ分泌される．

　膵島は導管を欠き，ホルモンを直接血液中へ分泌する内分泌器官として機能する．その組織中には，血糖降下作用のあるインスリンを産生する細胞，インスリンに対して拮抗作用のあるグルカゴンを産生する細胞，各種消化管ホルモンの分泌抑制作用のあるソマトスタチンを産生する細胞などがある．

第3章
海の底層と深海

　海の底層は磯から大陸棚の縁辺付近までは魚の種類が豊富であるが，それより深い大陸斜面から深海底へと深くなると魚の種類数も量も急激に減少する．外洋の深海域も容積は沿海域とは比較にならないほど大きいが魚類相は貧弱である．

3-1　磯～沿海底層

　浅海域の魚の棲息場所は内湾，潮間帯，磯の砂地，岩礁，藻場，少し沖合いの大陸棚，等々，と変化に富み，海洋表層と比較して魚の種類数ははるかに多い．この海域では塩分と水温が魚の棲息場所の大きな限定要因となる．とくに魚類相に及ぼす水温の影響は大きく，寒帯，温帯，熱帯の各海域に出現する優占魚種はかなり違う．さらにサンゴ礁には多数の生物群集が集まり，生物が少ない周辺の熱帯の海とは様子が著しく違う．

3-1-1　植物食性魚とイスズミ
　植物食性の魚はどちらかといえば少数派で，沿岸海域の岩場，サンゴ礁などに棲息し，ほとんどが真骨魚類である．これらの魚は海藻や付着藻類を食べるのが主流である．日本ではメジナ，イスズミの仲間，アイゴ，一部のスズメダイの仲間，ブダイの仲間，ニザダイの仲間などがよく知られている．そして彼らが積極的に海藻類あるいは付着藻類を摂食することに間違いはないが，これらの魚のすべてが生涯の食物として特定の植物にこ

だわるわけではない．たとえばメジナは海藻類を好んで摂食するといわれるが，胃内容物を調べると，春から夏にかけては海藻やデトリタスが多く，海藻が少なくなる冬には小型甲殻類やデトリタスの割合が多くなる．こうした事実からメジナは主たる食物が海藻で，補足的に小動物も摂食するとみなされ，雑食性として扱われることもある．

なわばり

　プランクトン食性の魚は別として，付着性の植物を食べる魚は比較的狭い行動範囲内で生活する．浅海の岩場でも，サンゴ礁でも，付着性植物の総量には限度があり，植物食性の魚は棲息密度が高くなると食物不足に陥るので，多くは「なわばり」をつくって侵入者を追い払い，食物の確保につとめる．

特異な発酵消化法

　沿岸海域やサンゴ礁には一風変わった方法で海藻を消化する魚がいる．世間でよく知られているように，草食性のウシやヒツジなどのような反芻（はんすう）動物とよばれる動物は，一度胃に入った食物を口に戻して咀嚼してまた胃に送る動作を繰り返す．彼らの胃は4室からなり，第1胃（ルーメン）と第2胃は発酵室といわれ，ここに共生する細菌や繊毛虫などのような微生物によって食物の植物組織は酸素の関与なしに分解されて酢酸，酪酸（らくさん），プロピオン酸など，短鎖脂肪酸が産生されてエネルギー源として吸収される．これに似た方法で食物を消化する魚が見つかり，一躍有名になった．

　海藻類を積極的に摂食するイスズミの仲間がその一例である．反芻動物と似た方法といってもイスズミの仲間が食物の反芻をするわけではない．この特異な消化機構は胃ではなく，腸の後部に発達する．オーストラリア近海のイスズミの仲間では，腸の後端近くに括約筋によって仕切られた盲嚢が横に突出し，ここが反芻動物のルーメンのような発酵室の役割を果たす（図3-1）．長さでは比較できないほど短いが，さしずめコアラの盲腸といったところである．この盲嚢に送り込まれた海藻片などはここに共生する微生物，とくに嫌気性細菌のはたらきによって分解されて短鎖脂肪酸が産生され，腸の上皮に吸収されるのである．

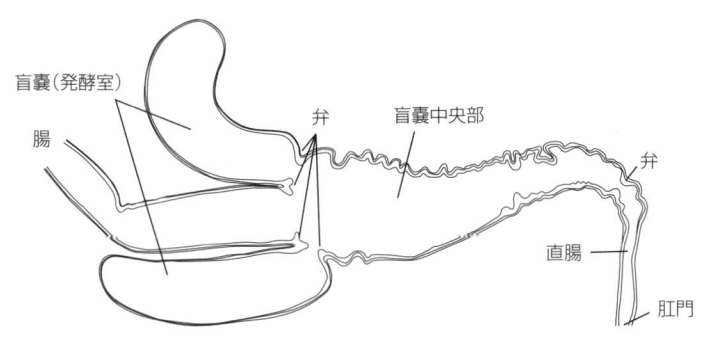

図3−1　オーストラリア近海のイスズミの仲間の腸管後部の海藻発酵室（Rimmer and Wiebe, 1987）

　さらに，ニュージーランドの海岸近くや沖合いの島の周辺に棲息するイスズミの仲間は成長するにしたがって摂食する海藻の種類が変わることもわかってきた．胃内容物は季節によって多少の変異はあるが，体長190 mm 以下の若魚では紅藻類と緑藻類が褐藻類より多く，成長して200〜299 mm になると，紅藻類と褐藻類がほぼ同量となり，300 mm 以上の大型成魚ではほとんど褐藻類だけになる．この食物の種類の変化に伴って腸内の消化酵素や共生する細菌群の組成が変化する．若魚期には主としてイスズミ自身の内在性消化酵素で紅藻類や緑藻類を消化するが，大きくなって消化しにくい褐藻類を食べるようになると，その消化を腸内に共生する細菌や微生物の消化酵素に依存する度合いが高くなる．また共生細菌は腸の前部より後部に多く，若魚より成魚のほうが多い．産生される短鎖脂肪酸の量も大型個体のほうが多い．

　藻類食性の4種類のイスズミ，2種類の雑食性のメジナ，および動物食性のタカベについて，筋肉と肝臓の酵素活性に基づく炭水化物，脂質などの代謝を比較した研究では，これらの代謝は食物の選択や消化管内の発酵と関連しているようで，イスズミの仲間は脂質代謝が活発で，腸における藻類の発酵産物に大きく依存することが明らかにされている．

　カリフォルニア南部の浅海域に棲息するゼブラパーチとよばれるイスズミの仲間も同じ消化機構を備えている．この魚の長い腸管の後部には盲嚢

状構造が発達し，ここが発酵室になっている．腸内細菌は腸内全体に存在するが，細菌数では発酵室内が群を抜いて多い．腸内には5種類の短鎖脂肪酸が検出され，その量は発酵室が他の部分の約3倍に達し，ここが海藻組織の消化作用には重要な役割を果たすと推察される．

多くの植物食性および雑食性の魚の腸内に短鎖脂肪酸が検出されることはわかっているが，とくに海藻類を多く摂食するロクセンヤッコ（キンチャクダイの仲間），スジブダイ，テングハギ（ニザダイの仲間）などでは，イスズミの仲間と同様に腸後部に共生する微生物によって短鎖脂肪酸が産生される．

3-1-2 ヨウジウオとタツノオトシゴ

ヨウジウオ pipefish の仲間とタツノオトシゴ seahorse の仲間は全世界の温帯，熱帯に広く分布するが，温帯では沿岸海域の藻場，熱帯海域ではサンゴ礁に多い．この仲間は見たところ魚らしくない容姿であるだけでなく，前者は主として水平遊泳，後者は直立姿勢の不器用な泳ぎ方，と両者の間には類縁関係はないように見えるが，系統分類では両者は深い関係にある．化石資料が少ないので詳細は明らかでないが，タツノオトシゴはタツノイトコの近縁にあたる小型の pygmy pipehorse という名の魚から分化して海藻群落に棲みつき，隠蔽的擬態とともに直立姿勢という独特の生活様式を獲得した，と説かれている．

形態と遊泳

この仲間は体の表面が体輪とよばれる硬い外殻で覆われているので，泳ぎは達者とはいえず，おもな運動器官は背鰭で，胸鰭がこれを補助する．遊泳時には背鰭が目まぐるしく波動し，飼育実験によるとその周波数はヨウジウオでは13～26 Hz，タツノオトシゴでは30～42 Hzという結果になっている．

タツノオトシゴの仲間の尾鰭は，発生の初期に形成されるが，成長する過程で直立姿勢の生活の準備をするかのように退化し，成魚では消失する．彼らは休息時には尾部の先端を腹側へ曲げて海藻などに絡みつき，頭

を上にして直立姿勢をとって，あたかも海藻の一部分のように擬態をするので，その容姿から魚という感じはしない．尾端の湾曲には，体表の体輪を形成する左右の背側板と腹側板，およびこれに強く結びつく脊椎骨の側突起，さらに発達した腹側の体側筋，脊椎骨を腹側へ曲げる腹側正中筋などのはたらきが深くかかわる．尾端近くの体輪を順次腹側へぐるりと曲げることによって，タツノオトシゴの尾端は腹側へ360°曲がり，海藻などに絡みつくことが可能になる．ヨウジウオの尾端には尾鰭があって，タツノオトシゴのように曲げることはできない．

摂食

ヨウジウオとタツノオトシゴの仲間には独特の個体維持のための摂食方法と，種族維持のための繁殖方法とがある．

まず特殊な摂食機構は小型の口から始まる．この仲間の小さい口とそれを囲む両顎は，長く突出する管状の吻の前端に開く（図4－2：117頁）．多くの真骨魚類と異なり，おちょぼ口の小さい上顎は突出させることができず，強い吸引力によって小さいアミ類などのような底層の小型動物を吸引してのみ込む．口内にも咽頭部にも歯はなく，胃もない．

待ち伏せ式の摂食行動をするタツノオトシゴの前にアミの仲間などが近づくと，電光石火の早業でこれを吸い込む様子がよくテレビで放映されるが，この摂食方法は多くの魚には真似のできないタツノオトシゴの得意技である．ヨウジウオの摂食機構も同様で，この早業は頭蓋骨後部から背側筋中へ伸びる筋肉と腱，および舌下部から腹側筋へ伸びる筋肉のはたらきによることが詳細な研究によって明らかにされている．アミなどが近づくと反射的に背側筋のはたらきで眼の後方を軸にして吻を背方へ向け，口をアミの直前へ接近させる．この時，頭部は両側に膨れると同時に舌下部も腹側へ広がり，強力な吸引力でアミを吸い取る．彼らは出生直後からこの特技を身につけていて，育子嚢から出て1日後のタツノオトシゴの子魚は頭骨の大半が軟骨であるにもかかわらず，頭部を激しく動かして成魚と遜色のない速さで微小なプランクトンを吸い取ることができる．わずか2.5／1,000秒の早業である．

ヨウジウオの眼の研究では，網膜の特徴に基づいて眼球運動が発達すると推察されていて，彼らは流動するプランクトンの動きを正確にとらえて，すばやい摂食行動ができると指摘されている．

雄が身ごもる魚

つぎは種族維持にかかわる独特の生殖行動と子魚の保護の話．珍しいことにヨウジウオの仲間もタツノオトシゴの仲間も配偶行動によって雌ではなくて雄が身ごもるのである．産卵期に成熟した雌雄は交尾姿勢をとり，雌は雄の腹面の育子嚢に卵を産みつける．

育子嚢の発達状態は種類によって異なり，イシヨウジの仲間のように嚢壁の形成が不十分で嚢内に並ぶ卵列が露出する半開型，ヨウジウオのように育子嚢の腹面が閉鎖状態の型，さらに嚢が腹部に形成される型，尾部に形成される型など，といろいろであるが，タツノオトシゴの仲間の育子嚢は尾部腹面にあり，外面が密封された完全閉鎖型である（図3−2 A〜C）．

育子嚢内に産みつけられた卵は嚢内で発生が進み，やがて孵化する．産卵数は種類によって，また雌の体の大小によって違う．ヨウジウオでは育子嚢内の卵数は雄の大きさによって異なり，約200〜1,300粒で，孵化時の子魚はおよそ7 mmで，孵化後10日以内に10 mm前後になって育子嚢から出る（図3−2 D, E）．タツノオトシゴでは70〜80匹の子魚が約16 mmになって育子嚢から産出される（図3−2 F）．この仲間の出生時の大きさは全長わずか2 mmから16 mm以上まで，と種類によって著しく異なる．

育子嚢の内面上皮は主として単層の上皮細胞と，嚢内の浸透調節にかかわるミトコンドリアを多く含む細胞（MR細胞）によって構成される．ヨウジウオの仲間では，育子嚢内面上皮の構造は①抱卵前，②抱卵および子魚育成中，③子魚出産後の段階で変化する．すなわち①の段階では上皮細胞がぎっしり詰まった状態で，MR細胞とMR細胞に分化中の細胞が混在する．②の段階になると隣接する上皮細胞の基部に隙間が広がって上皮の柔軟性が増し，MR細胞は増加し，上皮下の毛細血管が目立って増加する．③の段階になると，上皮細胞間の隙間は消失し，MR細胞は退縮し，

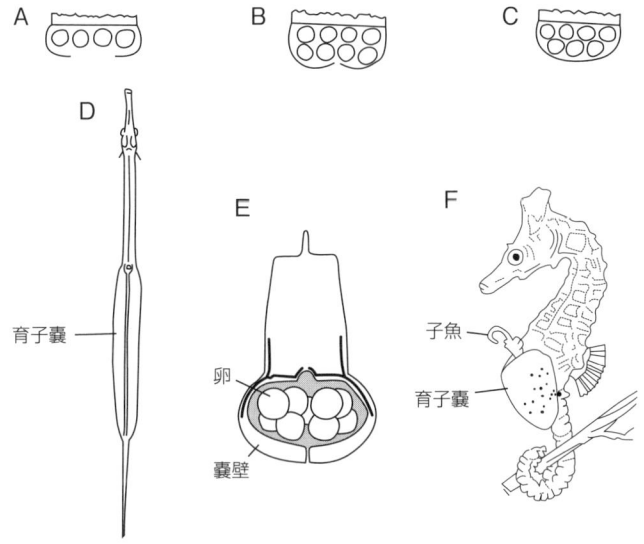

図3-2　ヨウジウオとタツノオトシゴの育子囊
　　　　A～C：育子囊断面模式図（A：イシヨウジ，B：ヨウジウオ，C：タツノオトシゴ）（Herald, 1959）．
　　　　D：ヨウジウオ腹面，E：同育子囊断面（Noumura, 1959）．F：子魚を産むタツノオトシゴ雄（三谷, 1956）．

毛細血管は減少する．卵は浸透濃度が調節された育子囊内で孵化し，子魚は父親から栄養素と酸素を供給され，出生時までここで養われ，外敵から保護されるのである．アメリカ大西洋沿海のヨウジウオの父親の腹腔内に注射した放射性同位元素で標識したアミノ酸（リジン）や脂肪酸（パルミチン酸）が育子囊内の子魚の体内に濃縮されるという実験結果があり，これは父親から育子囊内の子魚へ栄養素が供給されることを物語っている．しかし，卵に注入した放射性同位元素で標識した混合アミノ酸が逆に父親の育子囊，肝臓，筋肉組織へ移動する事実も報告されている．

3-1-3 ネコザメ

　ネコザメはまたの名をサザエワリあるいはサザエワニという．その名は貝類，とりわけサザエの硬い殻でも難なく噛み砕いて肉を食べ，殻の破片は吐き捨てる特技に由来するが，彼らは貝類のみを偏食するのではない．食物は主として底棲無脊椎動物で，カキやサザエなどのような貝類，エビ，カニなどのような甲殻類，ほかにもウニ，多毛類などを食べる．

分布

　ネコザメの仲間の分布域は太平洋の東部と西部，オーストラリア沿岸，およびインド洋西部の暖かい海で，それぞれの海域に固有の種類が棲息し，日本周辺の海ではネコザメとシマネコザメとが知られている．

　彼らは夜行性で，昼間は岩礁，サンゴ礁，または海底で静かに過ごし，夜間に活動するが，泳ぎはいたって緩慢である．

顎と歯

　ネコザメの食性に適応した顎の歯には部位によって役割分担がある．前歯は先端が尖り，獲物をくわえるのに適し，顎の側面から奥の歯はたがいに密着する強固な臼歯で，外殻に覆われた硬い食物を破砕するのに適する（図3-3 A，B）．尖った前歯の先端は形成初期には数本の尖った枝に分かれているが，成長とともにこの鋸歯状突起は5本，3本と減少し，やがて先端が尖った1本の歯になる．

　カリフォルニア沿海のネコザメを研究材料にして，摂食時の顎を動かす筋肉群の筋力に基づいて食物を噛む力を推計すると，前部の尖った歯では重さ約13 kgの物体を持ち上げる時の力，また側奥部の臼歯では約35 kgの物体を持ち上げる時の力に相当するという．サザエの硬い貝殻でも，これだけの力がかかれば噛み砕かれること間違いない．

　ネコザメの骨格系はもちろん軟骨によって構成されるが，顎骨を含む頭部の骨はその周縁部にリン酸カルシウムが沈着し，部分的に鉱質化している．同じくカリフォルニア沿海のネコザメを材料にしてコンピュータ断層撮影法（CT）によって，摂食にかかわる骨の鉱質化の程度を成長段階別に調べた結果によると，つぎのように変化するという．全長12.5 cmの新

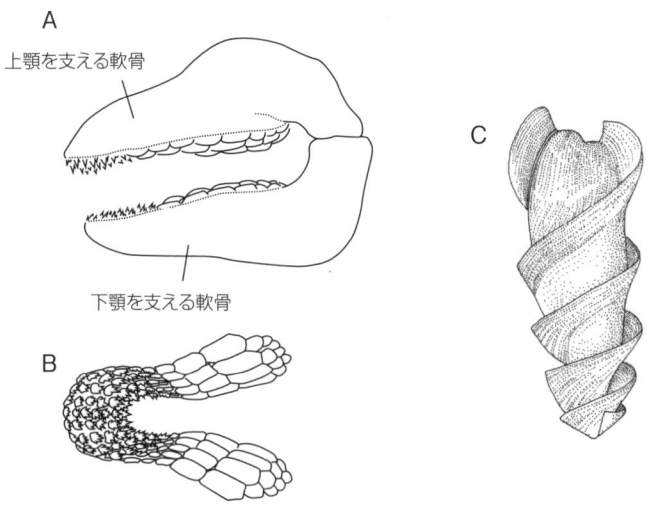

図 3-3 ネコザメの顎歯
A：側面図，B：下顎背面図，C：卵殻 (Smith, 1942).

　生ザメでは前部の尖った歯はすでに完成し，上顎と下顎の軟骨の鉱質化は進行中で，とくに両顎の関節部はよく鉱質化している．しかし，臼歯の形成は不十分で，生後間もない若魚は顎の前部を使って比較的軟らかい食物を食べることを示唆する．全長 38 cm の未成熟魚では両顎の鉱質化は順調に進み，臼歯も完成に近いが，まだ小さい．全長 58.5 cm の成魚では両顎の軟骨も歯もよく発達し，ネコザメ特有の歯型が完成している．下顎は上顎より鉱質化の度合いが高く，とくに臼歯を支える部分は最も強固である．

　また，実験室の水槽で，餌としてイカ肉を①摂食台に置いた場合，②摂食台に差し込んで固定した場合，および③プラスチック管の中に入れた場合のこのサメの摂食行動を観察した結果によると，いずれの場合にも，餌に近づいてすばやく下顎を押し下げ，同時に唇を突出させて口内に吸い込むという．固定された餌に嚙みついて簡単に吸い込めない時は，広げた胸鰭を梃子にして取り込むという．

卵生のサメ

　ネコザメは，繁殖様式がサメの仲間では少数派の卵生である点でも注目される．下田海中水族館で飼育中のネコザメの行動を調べた結果では，雄は雌の胸鰭基部に噛みついて体を固定しながら交尾し，卵は雌の体内で受精し，受精卵は大型の卵殻に包まれて産み落とされる．産卵は春から夏にかけて行われ，盛期は5月にある．卵殻は長さ14.0 cm，幅7.7 cmで，その表面には先端から基部に向かって螺旋階段状のひさしが付属する（図3－3 C）．産卵の最盛期には雌は約2週間の間隔で複数回産卵し，1回の産卵数は2個である．孵化するまでの日数は254〜387日で，新生ザメの全長は19.6〜23.0 cmと記録されている．

　カリフォルニア沿海のネコザメでもよく似た交尾と産卵の行動が観察されている．産卵は春に始まり，交尾後約2週間後に雌は2個の卵を産む．卵殻は長さが約12.7 cm，幅が約6.5 cmで，8〜10カ月後に孵化する．新生ザメの全長は約18 cmであるという．

　オーストラリア東部近海に棲息するネコザメの産卵期は7〜11月（冬から春）で，盛期は8〜10月にある．交尾行動は前2種とほぼ同じである．サンゴ礁の岩の裂け目近くに産み落とされた卵殻に包まれた卵は海水の流れによって岩の裂け目に運ばれる．それから約10〜11カ月後に孵化し，新生ザメの全長は18〜22 cmと記録されている．産卵後12〜7月の間，雌は沿岸海域のサンゴ礁から姿を消す．産卵されて間もない卵殻は上部と基部を粘液栓で封印され，発生中の胚はゼリー状物質の中で保護され，外界から遮断されている．4カ月後，4〜5.5 cmに成長した胚の呼吸によって卵殻内が酸素不足になる時期に合わせるように，粘液栓は溶解して卵殻の一部が開口し，ゼリー状物質も消滅して胚体は海水に浸漬されることが観察されている．

　発生中のネコザメの卵は卵殻に保護されているにもかかわらず死亡率が高く，オーストラリア沿海のネコザメの研究によると，発生中の胚を保護する卵殻1,404個のうち89.1％は死亡し，孵化に成功する個体はわずか10.9％に過ぎない．犠牲になった卵殻の大半はベラの仲間やアカエイの仲

間などのような魚，あるいは卵殻に穴を開けるリュウテンサザエの仲間のような巻貝に襲われたものと推察されている．

3-1-4　トビエイの仲間

　近年，瀬戸内海の西部では熱帯から亜熱帯にかけて分布するナルトビエイの集団が大挙して押し寄せ，大量のアサリを食い荒らし，漁業関係者はこの招かざる侵入者の取り扱いに苦慮している．トビエイの仲間は分類表ではイトマキエイの仲間などとともにトビエイ科に属するが，この科に名を連ねるエイは，食性の特徴によって海の表層でプランクトン食に徹するオニイトマキエイ（マンタ）などと（図3-4 A, B），海の底層で主として底棲動物を食べるトビエイ，ナルトビエイ，ウシバナトビエイなどのグループ（図3-4 C, D）に二分される．

ナルトビエイ

　問題のナルトビエイは近年では日本近海のあちこちに出現することが確認されていて，有明海でも最近その数が急増し，海底の生物群集に少なからず影響を及ぼしている．有明海で行われた生態調査によると，このエイは春になって水温が上昇すると大群でこの海域に押し寄せ，秋まで滞在するというから，徒党を組んで貝掘りに来遊するといいたくなる．滞在期間中，ナルトビエイは好物のアサリ，サルボウ，タイラギなどを大量に食べまくり，冬を迎えて水温が低下する12〜2月には姿を消す．また，雌雄によって成長と寿命に違いがあり，体盤幅は雌で1.5 m，雄で1 mに達し，寿命は雌で19年，雄で9年と推定されている．このエイは胎生で，晩夏に体盤幅30〜40 cmの大型の子エイを出産する．

底棲動物食者トビエイ

　トビエイの仲間は洋の東西を問わず貝類を好物としているようで，アメリカの大西洋沿岸海域でもイタヤガイの仲間など，漁業資源として価値のある二枚貝がトビエイの仲間によって食害を受け，しばしば問題になっている．また貝類を好むトビエイの仲間は大群で回遊する習性があることでも東西で一致している．たとえば，夏にバージニア州沿岸のチェサピーク

第3章 海の底層と深海

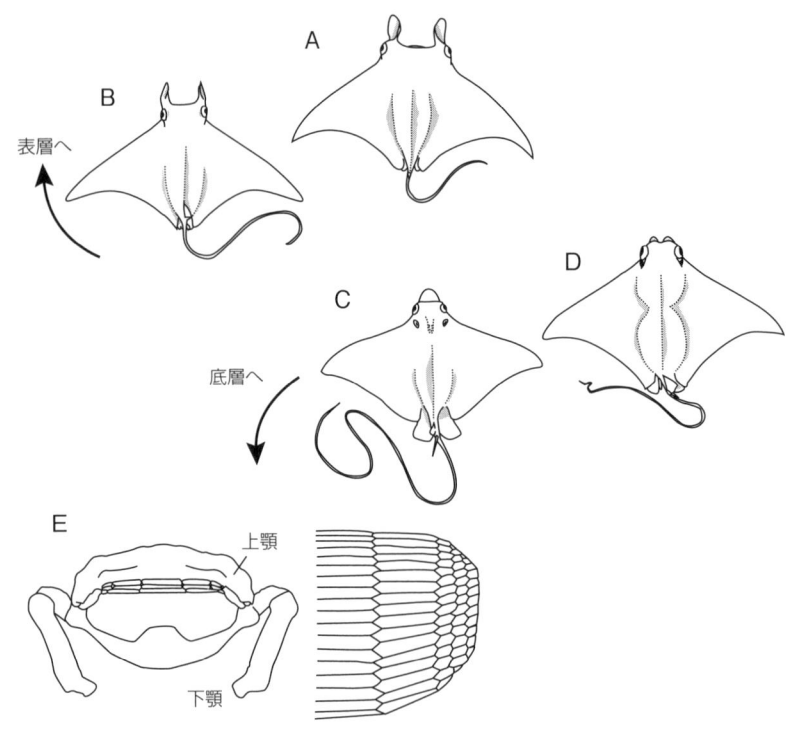

図3-4 ろ過食性（主としてプランクトン）（A, B）と硬食物食性（貝類など）（C, D）のエイ
A：オニイトマキエイ（マンタ），B：イトマキエイの仲間，C：ナルトビエイ，D：ウシバナトビエイの仲間．E：ウシバナトビエイの顎軟骨と顎歯の一部（Nishida, 1990を改変）．

湾へ来遊するウシバナトビエイについて1986～1989年に行われた航空機からの調査によると，月平均の推定数は5月と11月では0であったが，6月から増加し，9月に最大の数，930万匹に達し，その後，水温低下とともに減少したという．また1988年の夏に観察されたこのエイの群れ全体の輪郭は不定形で，457ヘクタールに広がって海底を埋め尽くし，航空写真から推定して個体数は優に500万匹に達していたと報告されている．

チェサピーク湾に来遊するウシバナトビエイは配偶行動と関係があるという説もあるが，貝類の生息場所を探り当てて手当たりしだいに食べてしまうことも事実である．これを裏づけるように彼らの胃や腸の中からマテガイモドキ，イガイ，オオノガイの仲間などの貝殻の破片が大量に出てくる．

また，バージニア州の南隣のノースカロライナ州沿海の砂州に囲まれた潟湖（せきこ）では，高塩分域とか海草群落域に不連続的に密集して棲息するイタヤガイの仲間が，夏から秋にかけて大挙して押し寄せるウシバナトビエイに食い尽くされて壊滅的な被害を受けたという事例がある．被害状況の調査結果には，1 m^2 当たり 70 個の密度で棲息していた貝は晩夏から秋にかけ，わずか 2～4 週間の間に全滅するという凄まじさであったと記録されている．この被害防止策が検討された結果，貝が密集する海域に 25 cm 間隔に高さ 50 cm のスチール棒を立てて防御柵をつくったところ，トビエイの侵入を防ぐことに成功したと報告されている．

さらに南方のメキシコ湾に面するフロリダ州の広い河口域では，このトビエイの習性は若干変わってくる．バイオテレメトリーによる行動調査により，ここでは彼らはさほど大きな群れは作らず，目立った季節回遊も行わず，11 月から冬の間も河口域の行動圏内を移動するに過ぎないことが明らかにされた．また，食性は年によって多少異なるが，胃内容物の調査では最も主要な食物は小型甲殻類（55.31％）で，続いて多毛類（25.20％），二枚貝（12.58％）の順になり，ここのトビエイは貝類食のスペシャリストというより，たやすく口に入るものを食べる並みの底棲動物食者であることを物語っている．

多くの研究結果から貝類食のスペシャリストといわれるトビエイの仲間にはそれなりに食性に適応した構造と機能が発達している．

強固な顎歯

この仲間はすべて胎生で，両顎に並ぶ石畳のように敷き詰められたタイル状の歯は母親の体内にいる時から形成が始まる．そしてこの特徴ある歯を支える成魚の上顎と下顎の軟骨には多層の鉱質化した層が発達し，硬い

食物を嚙み砕くことができる（図3-4E）．

　メキシコ湾に面するフロリダ半島沿海のトビエイの話をもう一つ．子エイは，生まれながらに海底の砂中に潜む二枚貝の密集地を探し当てる特技をもち，食物探索にはサメ・エイの仲間によく発達する電気感覚に加えて，側線感覚，嗅覚などが重要な役割を果たす．このトビエイは砂中のナミノコガイなどのような貝類の棲息場所に見当をつけると，砂底に向かって口を開閉しながら吸い込んだ海水を吹きつけて砂や泥を吹き飛ばして貝類を掘り出す．同時に彼らは頭部に伸びる胸鰭の前端をしなやかに動かしてすばやく貝を挟むようにして口元へ引き寄せると，上下両顎を突き出して瞬時に平たくて強固な顎歯でくわえる．そしてあたかも，クルミ割り器を使うように貝を挟み，貝殻を嚙み潰す．貝やエビを口内に取り入れたこのエイは，器用に可食部から貝殻，あるいは外殻を剝がして口や鰓孔から吐き捨て，肉をのみ込む．ただ，嚙み砕いた貝殻などの破片は往々にしてのみ込まれ，不消化物として胃や腸の中で見つかる．

　歯の形態は食性を反映するというが，ネコザメの仲間と，同じく底棲動物食性のトビエイの仲間とでは，ともに硬い貝殻に保護された食物を好む軟骨魚類でありながら，歯の形と使い方は相当異なるのである．

3-1-5　ヒメジ

　ヒメジの仲間は温帯，熱帯の沿岸海域の砂泥底やサンゴ礁に棲息する．大きさは十数 cm〜数十 cm，と種類によって違い，体色は一般に赤みを帯び，色鮮やかである．この魚，日本の家庭の食卓ではあまり出番がないが，フランス料理では同類がルージェ（ヒメジ）のグラタンとか，ニース風のルージェとか，洒落たレシピが目につく．この仲間はまたアメリカ南部地方でも身近な食材になっている．

ひげ

　ヒメジの仲間の大きな特徴は下顎についている1対の長いひげにある（図3-5A，B）．このひげは舌に連結する角舌骨とよばれる骨が前方へ長く延長し，その先端に関節する鰓条骨（鰓蓋の縁辺の膜を支える扇子の

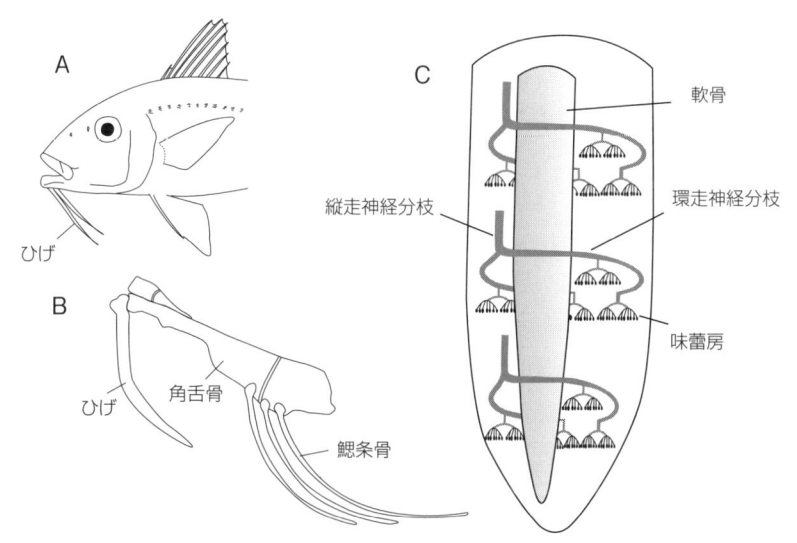

図3-5　A：オジサン（ヒメジの仲間）の頭部
　　　　B：オジサンの鰓条骨とひげ（McAllister, 1968 を改変）
　　　　C：ヒメジの顎ひげに分布する味蕾群とその神経支配模式図
（Kiyohara *et al*., 2002 を改変）

骨のように並ぶ棒状の骨）から変形したものであるといわれるが，どのようにして骨がひげに変わったのか私はよく知らない．ひげは中軸をなす1本の細長い軟骨に支えられ，角舌骨との関節部の背側と腹側に付属する靱帯と，骨に付着する筋肉のはたらきによってしなやかに動く．

　ひげの表面には無数の味蕾が分布し，ヒメジはこのひげを食物探索器としてせわしく動かし，海底の小型甲殻類やゴカイなどのような底棲動物を探すだけでなく，時にはひげや頭部を岩穴やサンゴの隙間に突っ込み，潜伏中の小動物を探し出して食べる．

　ナマズやドジョウなども味蕾をちりばめた口ひげを備えるが，ヒメジの顎ひげの表面の味蕾の配列模様はナマズなどと異なり，味蕾はひげの基部から先端まで一様に高密度に分布する（図3-5 C）．これらの味蕾は顔面神経の支配を受け，その神経の分布様式にも大きな特徴がある．すなわ

ち，ひげの中軸となる軟骨に沿って走る1本の神経束から一定の間隔をおいて軟骨を抱き込むように両側へ2本の枝が出て，そこからまた枝分かれした小神経繊維束がひげの表面へ向かい，皮膚の中でさらに枝分かれをして，最後に10〜12個の房状に並ぶ味蕾群の基部に到達する．このように，ヒメジのひげの味蕾群は組織的に見事に構築されているのである．その優れた味覚器で感受した情報は顔面神経を通して第一次味覚中枢がある脳の延髄の顔面葉に伝わる．ヒメジの顔面葉は大きく，表面には内部に折り込まれるような複雑な皺(しわ)が並び，この魚の味覚が鋭いことを暗示している．

　ヒメジが砂底で忙しくひげを動かす習性は古くから研究者の関心をよび，多くの研究が行われてきた．ヒメジあるいはオキナヒメジを収容した実験水槽にゴカイ肉を包んだ布と，同形の空の布包あるいは小石を包んだ布を入れて実験魚の反応を研究した結果によると，嗅神経を切り，目隠しをした実験魚はひげで布包に触ってみて，ゴカイ肉を包んだ布には何度も食いついたが，ゴカイが入っていない布包には興味を示さなかったという．いっぽう嗅神経を残し，大事なひげを切除した実験魚はゴカイ肉入りの布包を探り当てる能力が半減したという．

　ハワイ近海に棲息するウミヒゴイの仲間を使った実験でも，鼻の感覚上皮を焼き切った実験魚は，飼育水槽に設置したパイプから流入する海水には反応しないが，細いパイプからカニ肉の抽出液を静かに流すと，とたんに顎ひげを使ってその流入源を探し始めることが明らかにされている．そして，各種アミノ酸に対する味覚を比較するための電気生理学的実験では，実験魚の顎ひげに入る顔面神経はカニ肉に多く含まれるグリシン，プロリン，アルギニン，アラニン，グルタミン酸には強く応答するが，カニ肉に微量にしか含まれないシスチン，セリン，ヒスチジンにはほとんど応答しないという結果が得られている．また，カニ肉の抽出液に対する神経繊維の応答は，実験に使用したそれぞれのアミノ酸に対する応答よりさらに強いことが確かめられている．

成長に伴うひげの変化

　オーストラリアのグレート・バリア・リーフではヨメヒメジの成長に伴

う顎ひげの形態的変化が詳しく研究されている．ヨメヒメジは稚魚期まではサンゴ礁の海で浮遊生活をし，主としてプランクトンを摂食するが，体長約 20〜34 mm になると海底に着底して底棲生活を始める．この時期に合わせるように顎ひげに大きな変化が起こる．まず，顎ひげの位置が舌弓(ぜっきゅう)についたまま下顎の前端近くへ移動する．そして，体長 10〜22 mm の浮遊期には長さが 0.9〜2 mm であった顎ひげは 12 時間のうちに 3 mm 前後に急速に伸長し，かつ太さも増す．その表面の味蕾は大きくなり，数も増加し，ヨメヒメジは主要な食物となる底棲動物の探索行動を始める．

　ヨメヒメジの生活様式の変化はこの魚の色覚にも変化をもたらす．すなわち，網膜内の錐体に含まれる視物質が吸収する光の波長の極大値は，着底前の稚魚では約 400 nm，487 nm，および 515 nm，と比較的青色寄りになっているが，着底後の若魚では 506 nm と 530 nm，つまり緑色寄りになることが明らかにされている．これは海の表層とサンゴ礁の底層の光環境の違いによると説明されている．

⓫ ノート 魚の嗅覚と味覚

嗅覚

　魚にも嗅覚も味覚もある．水中で，においと味の区別ができるのかという疑問が生じるであろう．しかし，魚には立派な鼻があり，水に溶けている物質のにおいは鼻で感じ，味は体のいたるところに張りめぐらされた多数の味蕾で感じる．そして同じ物質の刺激を嗅覚と味覚の双方で受容することもある．たとえばアミノ酸は程度の差はあっても嗅覚と味覚の両方を刺激するので，魚の行動を見るだけでは，嗅覚を頼りに食物探しをしているのか，あるいは味覚を頼りに食物探しをしているのか，よくわからない．大西洋のタラの仲間はゴカイの抽出液に強く誘引され，またアミノ酸ではグリシンやアラニンに強く誘引される．しかし，これらのアミノ酸は嗅覚も味覚も刺激するので，においと味の

どちらに強く誘引されるかを知るためには各受容器を支配する神経の応答を調べる必要がある．

一般に魚の摂食行動では，嗅覚は遠くにある食物の探索を担当し，味覚は食物に近づいて，あるいは触れて，食べるかどうかの判断を担当するといわれる．

嗅覚を刺激して摂食行動を促すアミノ酸はグルタミン，アラニン，アルギニンなどで，ニジマス，ナマズ，マダイ，ブリなど，多くの魚で確認されている．この傾向は淡水魚でも海水魚でも，また食性の違いを問わずよく似ている．

アミノ酸のほかに，ステロイドホルモン，胆汁酸なども，においとして感受する魚がいることも知られている．

魚の鼻，すなわち，においの受容器を納める鼻腔はふつう吻の左右に対をなして存在するが，私たちと違って内部で口や咽頭とは連絡していない．

サメ・エイの仲間では，鼻腔は吻部の腹側の左右にあって，それぞれ半開きの軟骨の殻に包まれるが，表面の中央部が皮弁によって覆われるので，前後に分かれた2個の孔があるように見える（図3-6A）．

多くの真骨魚類では，左右の鼻腔は吻の側面上部にあり，通常，前後に離れて並ぶ前鼻孔と後鼻孔によって体表に開くが，トゲウオやスズメダイなどのように孔が1個しかない魚もいる．においのある物質を含む水は前の孔から鼻腔へ入って鼻の感覚上皮を洗い，後ろの孔から体外へ抜ける（図3-6B，C）．鼻孔が1個しかない魚種では，鼻の内腔がスポイトのように動いて水が出入りするような仕組みになっている．

鼻腔の底には襞状に隆起する嗅板が並び，その表面はにおいを受容する感覚上皮に覆われるが，なかにはメダカなどのように襞を形成しない感覚上皮もある．嗅板の数と配列様式は魚種によって異なり，嗅覚が鋭い魚種では嗅板の数が多く，その表面の感覚上皮に嗅細胞が密に並ぶ．嗅細胞は嗅神経の支配を受ける．

味覚

魚の味の受容器は私たちと同じく味蕾である．私たちの舌はよく動き，その表面には食物の味を感じる味蕾が多数分布する．しかし魚の舌は中軸に骨があ

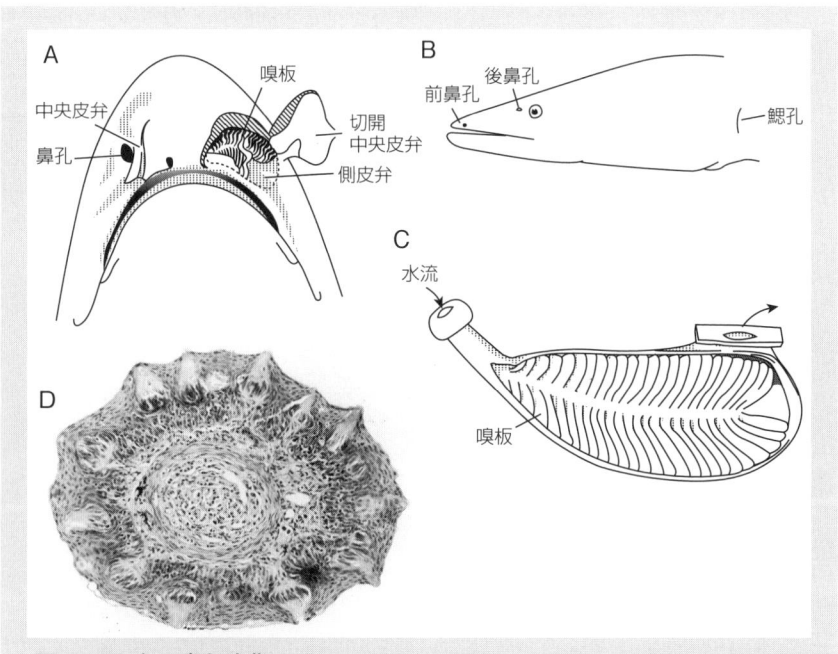

図3−6 魚の鼻と味蕾
　　A：トラザメの鼻（Bütschli, 1921），B・C：ウナギの鼻（B：Teichmann, 1959，C：Liermann, 1933），D：コイの口ひげの味蕾．

り，曲げることはできず，表面に味蕾はあまりない．魚の味蕾は舌よりむしろ口腔の天井部，すなわち口蓋部に多数分布し，コイやキンギョではここに高密度に味蕾が分布するので口蓋器官とよばれる（図5−2 A，B：141頁）．魚の味蕾の分布域は口内にとどまらず，唇，咽頭部，鰓弓，鰓耙のほか，口ひげを生やすヒメジ，コイ，ナマズではひげの表面に広がる（図3−6 D）．さらにナマズの仲間やコイの仲間では，味蕾は鰭を含む体表全域に分布する．

　魚は甘味，塩味，酸味，および苦味を感じると同時に，アミノ酸などのような特定の物質も味として感じる．魚の味蕾のアミノ酸に対する感受性は食性と関係があるといわれ，多くの魚では味蕾に入る神経はグリシン，アラニン，アルギニン，プロリンなどに対して敏感に応答する．魚が好んで食べるオキアミ，ゴカイ，アサリ，スルメイカなどのアミノ酸組成のうち，比較的多く含ま

れるアミノ酸はグリシン，プロリン，アラニン，アルギニンなどで，魚の食性との関係がよくわかる．

　魚の味蕾はその存在場所によって異なる脳神経の支配を受ける．すなわち体表，唇，口腔前部にある味蕾は顔面神経の支配を受け，口腔後部から鰓腔および咽頭までの部分の味蕾は舌咽神経あるいは迷走神経に支配される．口蓋器官は迷走神経に支配され，鰓の部分では，第1鰓弓は舌咽神経によって，第2〜第5鰓弓は迷走神経によって支配される．アメリカナマズやゴンズイでは，口ひげに入る神経は顔面神経と三叉神経の複合枝で，味はもちろん，触覚的刺激にも応答する（5-3）．

　これらの味蕾には役割分担があり，体表の味蕾は食物の探索とその存在位置の確認を担当し，口の中の味蕾は捕らえた獲物をのみ込む前に吟味し，のみ込むか，あるいは吐き出すかを決める．

　なお一部の魚種には味蕾以外にも単独化学感覚細胞という化学受容器としてはたらく小型の細胞がある．ホウボウの仲間では胸鰭下部の鰭条が遊離して指状になっているが，その表面に多数の単独化学感覚細胞が並び，食物探索に使われる（図3-7：86頁）．ヨーロッパの沿岸海域には背鰭の前部の軟条をしきりに振動させるタラの仲間がいる．この軟条にも単独化学感覚細胞が多数分布する．

3-1-6　ホウボウ

　ホウボウは北海道南部から南の日本各地の沿海底に棲息する．頭は表面を骨質板に覆われて硬く，大きい胸鰭は広げると美しい色模様が現れる．海釣りが得意な釣り人は，釣り上げて舟の生簀に入れたホウボウが「グウグウ……」と泣く声？を聞いた経験があるに違いない．

様々な音

　ホウボウ・カナガシラの仲間が何かにつけて音を発することはこの仲間の大きな特徴である．彼らが発する音は鰾に付属する発音筋のはたらきによってガスを含む鰾が振動して生じる．この仲間の鰾は種類によって多少違うがほぼ卵形で，発音筋はその両側面に付着する．日本のホウボウの鰾

は中央に小孔のある隔膜によって前後2室に区分され，発音筋の収縮に伴ってガスが移動して生じる振動で音が出る仕組みになっている．

　アメリカ大西洋側の近海に棲息する sea robin とよばれるカナガシラの仲間の鰾は2個の楕円体の袋を左右に並べたような外形で，左右2室は中央の隔壁にある開口部を通してつながっている．そして付属する発音筋を左右同時にではなく，交互に収縮させて音を発するという．英名を直訳するとウミコマドリとなるが，鳥類のコマドリの鳴き声とは明らかに違う．

音の使い分け

　あまり行儀のいい話ではないが，カナガシラの仲間は食事時に食物をめぐって争いが起きると，しきりに音を発してにぎやかになる．その調べは種類によって異なる．

　北海に棲息するハイイロカナガシラ（仮称）grey gurnard を使って実験室の飼育水槽で行われた摂食行動に関する研究によると，この魚は①摂食行動中に扉を叩くような単発音（ノック音），②ぶつぶつ呟(つぶや)くような音，および③うなり声のような音の3種類の音を発するという．発音1回当たりの拍数は音の種類によって異なり，ノック音は1～2，ぶつぶつ音は4～8とやや多く，うなり音は10以上とさらに多くなり，音の周波数のピークはいずれも500 Hz 前後にある．水槽に4～8匹の実験魚を飼育し，餌を投与すると一斉に餌場へ向かって泳ぎ，餌を取ろうとする．餌をめぐる競争の場面では，摂食に成功する個体はノック音を発しながら餌に近づくと，急発進してすばやく餌を奪うと方向転換してその場から立ち去る．ノック音は主として餌取りに興奮している時に発する．競争相手が近くにいる時にはぶつぶつ音を発するが，相手もぶつぶつ音を発して闘争姿勢を誇示するので，これは闘争信号であろうといわれる．うなり声は一連のぶつぶつ音信号の最後に発せられるという．

　さらに，このハイイロカナガシラを大きさ別に全長10～15 cm，15～20 cm，25～30 cm，および30～40 cm の4段階に分けて調べた結果では，大きくなるにつれて音を発する割合は減少し，拍数は増加し，ノック音，ぶつぶつ音ともに周波数のピークは低くなることが明らかになっている．

第3章 海の底層と深海

多才な胸鰭の鰭条

　海底に棲息するホウボウやカナガシラの仲間には音を発すること以外にもいくつかの珍しい特徴がある．

　彼らの胸鰭の下端の3本の鰭条は膜でつながることなく遊離して指のように動くので指状鰭条とよばれる．彼らはこれを足にして，魚にしては珍しく海底を歩行することができる（図3-7）．歩行時の足取りを観察すると，歩行開始に当たって3対の鰭条のうち前から二番目の第2対を前端の第1対の前へ出す．つぎに第3対を第2対の前，つまり最前端へ出す．そしてまた第1対を第3対の前の最前端へ出す動きを繰り返して前進する．

　これらの指状鰭条は歩行運動だけではなく，感覚器としても重要なはたらきをする．大西洋のウミコマドリの指状鰭条は脊髄神経の支配を受けていて，イカ肉のエキスの刺激によく応答するとともに，ベタインなど15種類の物質のうち10種類の化合物の刺激に対して強く応答することが実験によって確かめられている．これらの指状鰭条の表面にはナマズやヒメジのひげにあるような味蕾も，鼻の感覚上皮のにおいの受容器も確認できないが，単独化学感覚細胞が多数分布する．また，この遊離鰭条に分布す

図3-7　ホウボウの胸鰭の指状鰭条

る神経は物理的な接触刺激に対しても化学的刺激を受けた時と同様に敏感に応答することが明らかにされている．こうしてホウボウやカナガシラの仲間はこれらの鰭条を駆使して海底の砂中あるいは泥中に潜む甲殻類や多毛類など，底棲動物を掘り出して食べることができるのである．なお，単独化学感覚細胞は胸部腹側の皮膚中にも存在する．

　ホウボウはまた，見かけによらず，魚体の比重が小さく，歩行中は遊離鰭条と尾部が軽く海底に触れる程度で，体の底面の大部分は海底に触れないという隠れた特技をもつ．彼らは他の場所へ移動する時には軽く尾部を振って海底から浮き上がる．そして大きな胸鰭は広げると鮮やかな青色の縁取りと斑紋が現れ，闘争時には誇示して相手を威圧できるし，遊泳時には翼となってグライダーのように水中を滑走する行動を補助する．

⓬ ノート
音を発する魚

　魚の社会でも音はよくコミュニケーションの手段として使われ，音を聞くだけでなく，音を発する魚も少なくない．いわゆる発音魚は古くから世界的に知られていて，ホウボウやニベの仲間が音を発する記録はずいぶん古い書物にもある．たとえばアリストテレスは動物誌に，魚が鳴音を発することを記すとともに，聴覚が最も鋭敏な魚としてニベの仲間などの名をあげている．

　魚の鳴音は産卵期の求愛行動に伴うことが多い．また「なわばり」を守る行動，捕食者の接近を知らせる警報，摂食をめぐる争いなど，魚が発する音にはいろいろな目的がある．

　音を発する方法も多様で，咽頭歯などで歯ぎしりをしたり，鰭の棘をすり合わせたりすることが多いが，なかには鰾に接して特別に発達した筋肉，すなわち発音筋のはたらきによって鰾を振動させて音を発する魚もいる．したがって音の特徴も一概にはいえないが，どちらかといえば周波数は比較的低く，鰾に

付属する発音筋による音は 1,000 Hz 以下，鰭のすり合わせ音でも 3 kHz 以下である．

　発音筋によって音を発する仕組みはホウボウ・カナガシラの仲間，ニベの仲間，タラの仲間，コトヒキ，カサゴの仲間，イットウダイの仲間，一部のカクレウオの仲間，ナマズの仲間など，かなり多くの魚に存在する．

3-1-7　ニベの仲間

　ニベの仲間は全世界の暖かい海に分布し，多数の種類が記録されている．アメリカ，とくに南アメリカには淡水域に棲息する種類もいる．

　ニベの仲間の最大の特徴は鰾といわれ，前端に角状突起を備える型，側面に複雑な付属突起を備える型など，種類によってその外形はさまざまで，耳石内面の形態的特徴とともに，この仲間の分類形質として重視される．また，この仲間には鰾を振動させて音を発して仲間をよぶ種類が多く，鰾の形態は聴覚に深くかかわる．

　ニベの仲間は産卵期になると鰾を振動させて恋歌を歌う．大西洋のニベの仲間はドラムフィッシュ drumfish と総称されることが多く，その名は産卵期に太鼓を叩くような音を発することに由来するようである．

　この仲間に属するウィークフィッシュ weakfish とよばれる魚の鰾には前端から前方へ突出して内耳の近くに達する左右1対の角状の突起がある．この魚の可聴周波数領域はかなり広く，上限は 2,000 Hz となっている．しかし，角状突起がないニベの仲間では 700 Hz 以上の音は感受できないという．ただし 200〜700 Hz の領域では両者の間に聴覚の感度の違いはないことが明らかにされている．また，同じくニベの仲間のシルバー・パーチ silver perch とよばれる魚でも鰾の前端に角状突起があり，可聴周波数領域は 600 Hz〜1 kHz で，聴音のスペシャリストとして名高いキンギョに匹敵するといわれる．そして鰾に角状突起があるニベの仲間では，その前端と耳殻との間の距離が短いほど可聴周波数領域上限は高くなる傾向を示すことがわかっている．

ホルモンと発音

　大西洋のウィークフィッシュが発する音には雄だけが鰾の両側面に付属する発音筋によって発する太鼓音と，雌雄ともに咽頭歯をすり合わせて発する鳴音の2種類がある．この魚の産卵期は5～7月で，雄が発する音は5月中旬に急に活発になって頂点に達し，6月下旬までその状態を維持し，7月になると減少し，8月には消滅する．雄の恋歌が激しくなる時期と同調するように鰾の発音筋は太くなり，産卵期が過ぎると萎縮して細くなる（図3-8A）．

　ここで思い起こすことは，鳥類は繁殖期を迎えると雄の「さえずり」が一段と激しくなるという話である．この「さえずり」にはホルモンのはた

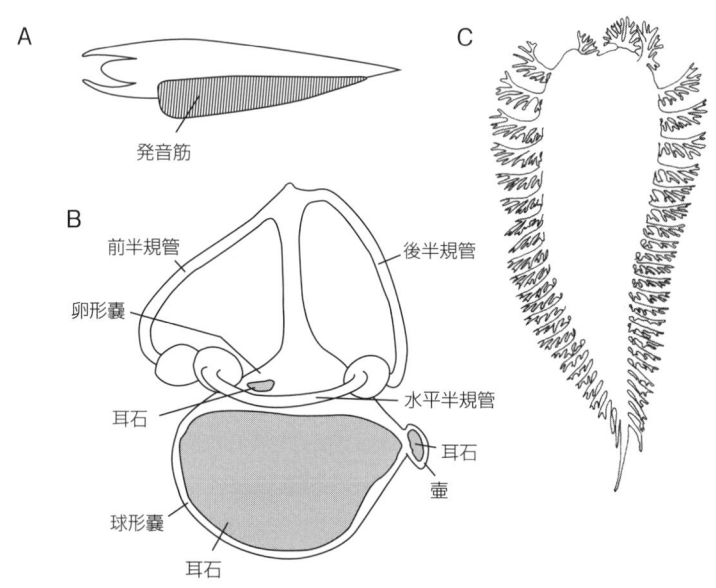

図3-8　A：ウィークフィッシュの鰾背面図と左側発音筋
　　　　（Connaughton *et al*., 2002を改変）
　　　　B：シログチの内耳
　　　　C：シログチ若魚の鰾（山田梅芳さん提供）
　　　　樹枝状側枝を示す．

らきが深くかかわり，繁殖期が近づくと雄の血液中の雄性ホルモンの量は急激に増加する．「さえずり」が激しくなって交尾が始まるころには，ホルモンの量は最大値に達する．そして卵が孵化して「さえずり」が少なくなるころには雄性ホルモンの分泌は産卵期に入る前の状態に戻ることがわかっている．鳥類の脳の中には「さえずり制御系」が形成されていて，ホルモンの刺激を受けると鳴管の筋肉を支配する神経へ指令が出て「さえずり」の調子が調整されるといわれる．鳥類の産卵行動と発音には雄性ホルモンが深くかかわるのである．

ウィークフィッシュでも発音筋の季節的な肥大は雄性ホルモンによって調節されることが実験によって明らかにされている．まず，越冬した産卵期前の実験魚にテストステロンを温めたヤシ油に溶かして腹腔内に注入した群と，ヤシ油だけを注入した対照群を比較する．ヤシ油は温度が低下すると固まるので徐々に吸収される．その結果，3週間後にはテストステロン注入群の発音筋は2.5倍に肥大したが，対照群の発音筋に変化はなかった．そして，実験後の筋繊維の平均断面積はテストステロン注入群では500 μm^2 であるのに対し，対照群では300 μm^2 という差が生じたという．また産卵期に肥大した雄の発音筋は血液中のテストステロンのレベルを保つことによって産卵期後4カ月間維持されることも明らかになった．雌の発音筋にはこの雄性ホルモンの影響はないこともわかった．

シログチとコイチの恋歌

日本近海でもニベの仲間が鰾を振動させて音を発することはよく知られている．初夏の産卵期に浅海へ来遊するシログチの群れが発する音は大きく，あたかも鳴き声のようで，ベテラン漁師は船の上でも聞くことができると話す．有明海ではシログチやその近縁のコイチの鳴音を聞くことができ，鳴音はコイチのほうがシログチより高く，また雌雄によって周波数が違い，両者ともに雌より雄の鳴音のほうが高い．すなわち，鳴音の平均周波数はシログチの雄では457 Hz，雌では267 Hz，コイチの雄では668 Hz，雌では334 Hzと記録されている．鳴音は腹腔に沿って背腹方向に並ぶ鰾の発音筋を腹腔壁にこすりつけることによって生じ，この音に鰾が共

振することによって増幅される仕組みになっていて，鰾を破壊しても鳴音は生じるという．このコーラスは5月初旬から9月中旬まで続き，産卵の最盛期が過ぎる7〜8月のころに最もにぎやかになる．そして1日のうちではコーラスは日没前に始まり，日没後に最高潮に達し，その後，深夜から翌日の昼間にかけては聞かれない．

3-1-8 イカナゴ

瀬戸内海の播磨灘に春の日差しが揺らめき，イカナゴ漁が解禁になると，獲りたての稚魚を砂糖と醤油で煮込んだ「くぎ煮」が関西一円のスーパーマーケットに出回る．「くぎ煮」になったイカナゴは赤茶けて曲がった古釘に似ているので，その名がついたといわれる．

夏眠

イカナゴは日本各地の沿岸海域の底層に棲息する10 cmあまりの細長い魚であるが，北方に棲息する個体ほど大きく，20 cm以上に達するものもいる．鰭条はすべて軟条で腹鰭はない．

生後1年足らずで約7 cmになって成熟し，瀬戸内海では12月から1月の寒い時期に産卵する．卵は海底の砂粒に付着して発生が進み，春には体長約1.5 cm以上になって浮上し，群泳を始める．この稚魚の群れが漁獲されて「くぎ煮」の材料になるのである．成長が進むにしたがって彼らの生活の本拠は底層へ移る．主要な食物はコペポーダなどプランクトンであるが，魚類の稚魚も捕食する．消化管は細長く，胃の盲嚢部も幽門部も細長く，膨らむことはない．

イカナゴ特有の生活様式で注目されるのは，休息時や，捕食者から逃避する時に海底の砂中に潜る行動である．とくに夏になって水温が上昇すると，長期にわたって砂に潜って夏眠を決め込む．

通常，イカナゴは早朝と潮流の緩慢時に遊泳し，それ以外の時間帯は海底の砂中に全身を埋めるか，頭部を砂上に出して休息する（図3-9）．潜入時には彼らは尖った頭部前端を砂に突き刺し瞬時に砂中に潜るという．

瀬戸内海では彼らの潜入場所の選択性が強く，海底の砂粒子の直径が

第3章　海の底層と深海

図3-9　アクリルペレット（砂のかわり）に
潜入中のイカナゴ（鳥羽水族館提供）

0.8〜3.2 mm で，貝殻片の混入率が30％以上の白色砂の底質を好むという研究結果がある．このような条件を満たす潜入場所は限られていて，海底に不連続に点在し，そこは彼らの夏眠場にもなる．尾道付近の瀬戸内海の野外調査によると，海底の水温が24℃前後に上昇すると，イカナゴは完全に砂中に埋没して夏眠し，夏眠場では体長 6.37〜9.38 cm のイカナゴが確認されている．夏眠中のイカナゴは海底下の深さ 3〜10 cm の砂中でじっとしていて食物をとらないので，成長は一時的に停止する．

また，頭部を海中に出しているうちは別として，全身埋没状態で夏眠中のイカナゴは呼吸困難に陥る恐れがある．夏眠に適応しているせいか，この魚は溶存酸素量の減少に対して強く，致死限界の溶存酸素量は $2\,\mathrm{ml}/l$ であることがわかっている．秋になって水温が低下すると，イカナゴは目覚めて浮上し，活発な摂食活動を再開する．

伊勢湾では5月以降に海底の水温が 17〜20℃ に上昇するとイカナゴの夏眠が始まり，夏眠は0歳魚より1歳魚が早く，また同じ0歳魚なら大きい個体ほど早く始める．11月になって水温が15℃まで低下すると夏眠は終わり，12℃以下に低下する12月中旬には産卵が始まる．

水槽の底に深さ 10 cm ほど砂を敷いた水槽と，底に砂がない水槽を用意

して水温を15.3℃から20.3℃まで徐々に上昇させ，イカナゴを34日間飼育した結果によると，水温の上昇によって，砂がない水槽のイカナゴの死亡率は高くなるが，砂に潜入できる水槽のイカナゴは95％が最後まで生存したという．

外国のイカナゴは冬眠

　イカナゴの仲間の潜砂行動は種類が違っても世界共通のようで，日本のイカナゴとは種類が違うが，北アメリカ東西両沿海やヨーロッパのイカナゴも海底に潜入することが知られている．北アメリカのイカナゴの潜入行動も日本のイカナゴの行動と似ていて，頭部を砂中に突っ込み，胴部と尾部を激しく湾曲させてすばやく砂中に潜り込む．

　デンマーク近海の浅場に棲息するイカナゴの資源量は豊富で，多くの魚や海棲哺乳動物や海鳥などの絶好の攻撃目標になる．彼の地のイカナゴも大群で表層を遊泳する行動と，海底の砂に潜入する行動を交互に繰り返す習性があり，昼間には盛んにプランクトンを摂食し，夜間，あるいは身の危険を感じた時には海底の砂中に潜入する．

　遊泳中のイカナゴの群れは捕食者に襲われると，その場の状況に応じて逃避行動をする．スコットランドの屋外大プールで行われた研究によると，イカナゴの群れにサバを入れると，群れは多様な逃避行動，たとえば，その瞬間に飛散，団子状態化，分裂，砂時計形に変形，捕食者を包み込む空洞化など，の反応を示したというが，彼らの被捕食率は決して低くない．

　ところで興味深いことに，あちらのイカナゴは夏ではなく，冬になると海底の砂中に潜って冬眠状態になる．

　北海に棲息するイカナゴは水温が15℃と10℃の条件下では明時に活動するが，5℃では明時の活動は低下することが実験的に確かめられている．この海域のイカナゴは12～1月に産卵し，その後4月まで海底の砂中へ潜入して越冬するといわれる．

　大西洋のイカナゴでも低酸素条件下の呼吸について研究が行われ，実験水槽に飼育中のイカナゴは堆積物下の粒径0.2～0.5 mmの砂中に潜入する

と，上向きの姿勢で砂中に浸透する新鮮な水をうまく利用することが観察されている．イカナゴの潜入深度は1～4 cmであるが，水底の界面から砂中へ浸透する新鮮な海水が達する深さはわずか数 mm しかなく，当然，酸欠に見舞われる恐れがある．しかし，染料を使った実験によって，彼らは砂中で口をやや上方に向けて砂中へ浸透する酸素飽和度93％の間隙水をうまく口の前に誘導して呼吸することが明らかにされている．そして推定換水速度は0.26 ml／分で，吸い込んだ海水に含まれる酸素の86.2％を呼吸に利用することが明らかになったという．体の周囲の間隙水に含まれる酸素量が減少すると，彼らは頭部を上向きにして徐々に表層へ近づくが，吸い込む海水中の酸素飽和度が5～10％に低下するまでは砂中に留まる．低酸素水に対する抵抗性があるこのイカナゴは皮膚呼吸ができるが，ほとんど活用しないようである．

3-1-9 アンコウ

アンコウと聞けば，魚料理を好む人は，吊るし切り，アンコウ鍋，「アンキモ」等々，と茨城名物の冬の味を思い起こすに違いない（図3-10）．冷えた体に暖をもたらすというアンコウ鍋の味が評判となり，今日ではアンコウは全国区の鍋料理の食材に名を連ねる．また，聞くところによるとアメリカ北東部地方でもアンコウは主要な水産物ベスト10に含まれるという．

摂食の手法

魚の本に目を通すと「アンコウは海底に暮らす底魚であって，獲物が近づくのをじっと待つ」という解説が多い．平たい体形，粘液質の皮膚，顔いっぱいに横に広がる大きな口などは，いかにも泳ぎが苦手の底魚という容姿であるが，アンコウの摂食行動はきわめて活発である．海域によって，また成長段階によって食物の種類は変わるが，胃内容物から推察すると一般に若魚はエビや小魚などを摂食し，大型の成魚は例外なく主として魚類を捕食し，イカ・タコの仲間などを捕食することも多い．

たしかにアンコウは典型的な待ち伏せ型捕食者で，その習性に適した摂

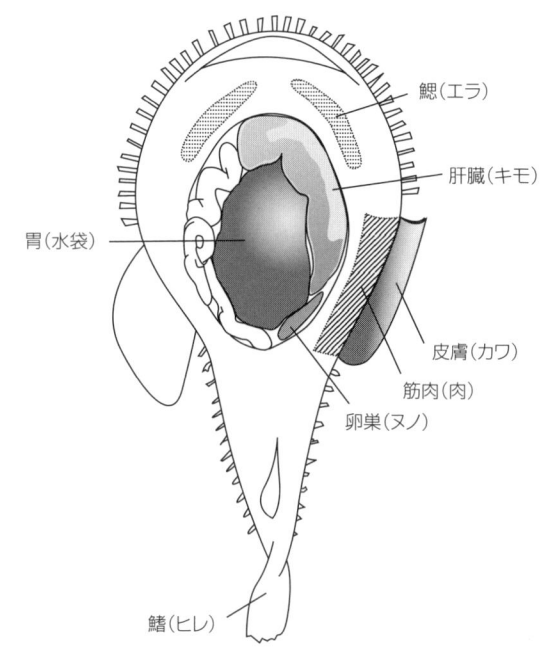

図3−10 アンコウの七ツ道具
アンコウ料理で使われる体の部位の名.

食機構が発達する．背鰭の棘は柔軟で，頭部背面にある背鰭第1棘は先端に擬餌まがいの皮片がついた釣竿に変形し，これを振って小魚をおびき寄せることは有名である．アメリカではアンコウの仲間は angler fish とよばれる．顎の歯は細長くて鋭い．大西洋のアンコウの上顎の歯は2列に並び，前列の歯は固定型，後列の歯は固定型と蝶番型である．下顎の歯は3列に並び，前列の歯は固定型，中列の歯は固定型と蝶番型，後列の歯は蝶番型である．この蝶番型の歯は後方には倒れるが，前方へは倒れない．噛みつかれた獲物がもがけば，もがくほど口の奥へ送られる仕組みになっているのである．これは貪食で有名なマダラの鋭い顎歯とよく似ている．

スコットランド沖の水深約380 mの海底に下ろした遠隔操縦型探査機のビデオカメラによって，アンコウの摂食行動を観察した記録がある．そ

こには推定全長 60 cm のアンコウが海底で獲物の到来を待ち伏せし，近づく推定全長約 50 cm のタラに対して釣竿を振っておびき寄せ，腹鰭を使って体を浮かすと同時に獲物に飛びついて噛みつく一部始終が見事に写っている．

仙台湾に棲息するキアンコウは冬から春にかけてイカナゴを多く摂食するが，イカナゴが海底の砂中で夏眠する時期に胃内容物を調べると，カレイの仲間，マアナゴ，カタクチイワシ，マサバなど，魚類を中心にしてイカ・タコの仲間などが出てくる．黄海のキアンコウのおもな胃内容物はクサウオ，カタクチイワシ，マアナゴ，シログチなどであるという．

アメリカ北東部沖の大西洋のアンコウはタラ，サバ，エイ，ミシマオコゼなどを摂食し，大型食物としては全長 82 cm のタラが 97 cm のアンコウの胃内から出現した例もある．また，この海域のアンコウには共食いの習性がある．すなわち，調査したすべてのアンコウの胃内容物中のアンコウの出現率は 5.6% で，とくに産卵前の成熟雌にその傾向が顕著で，共食いの出現率は 9.6% に達し，産卵後には 4.3% に減少するという．

海鳥を食うアンコウ

「アンコウの胃から海鳥が出てきた」という話が古くからあちこちで語り継がれている．これは一生を深い海底に定着して暮らす魚には，ありえない出来事である．日本では，冬から春にかけて関東から東北地方の太平洋側の漁場で漁獲されたアンコウの仲間の胃内容物中にウミガラス，ハシブトウミガラス，アカエリカイツブリなどが見つかっている．なかには水鳥を 4 羽ものみ込んでいる例もあったというから驚く．鳥の専門家が確認しているので疑いのない事実である．これらの水鳥には潜水能力があるから，もしアンコウに海面近くまで浮上する習性があれば，両者が遭遇する可能性は否定できない．アメリカ北東部沖の大西洋でも，鴨猟に出かけたハンターが，海鳥をくわえて身動きできないアンコウを生け捕りにしたという古い記録がある．

生活史

アンコウは底棲魚といわれるが，産卵された多数の卵はゼラチン質の平

たい袋に包まれて筏のように海の表層を浮遊しながら発生が進んで孵化する．スコットランド近海に棲息するアンコウの卵巣の成熟過程の研究によって，このゼラチン質は卵の成熟が進むと卵巣内で分泌されるようである．アメリカ北東部近海のアンコウのゼラチン質の袋は放出前には長さ3.8 m，幅30 cm，厚さ3.0 mmで，この中に約760,000粒の卵が含まれているが，放出後に採集された袋はそれぞれ5.0 m，1.0 m，5.0 mmになっていて，内部には多数の広い六角形の部屋に1～2個の受精卵が収納されていたという．放出後の袋はやや膨張気味であるが，これは発生中の胚に酸素供給のはたらきをする新鮮な海水が流入するためと推察されている．

東シナ海・黄海のキアンコウの産卵期は2～5月といわれ，抱卵数の推定値は全長57.8 cmの雌で310,000粒，79.6 cmの雌で1,540,000粒となっている．

孵化した子魚は5～12 cmに成長するまで2～3カ月間浮遊生活をした後，海底へ着底して底棲生活に移行するので，表層に小さいアンコウがいてもおかしくはない．ところが，北海を中心に北東大西洋で行われた広域調査では，全長24～103 cmの比較的大型のアンコウが想像以上に表層で採集され，なかには水深が1,000 mを超える海域の表層で採集されたものもあり，さらに，マグロ延縄にかかった個体もあるというから，いったん着底するかどうかは明らかでないが，アンコウが表層へ浮上することは間違いないようである．

またアンコウが水平方向にも鉛直方向にも回遊する事実もわかっている．アメリカ北東部沖のジョージバンクで放流したアンコウの行動を追跡した研究報告には，全長62 cmの成魚が12月から翌年6月の間に192日かけて水平直線距離にして約113 kmを西へ向かって1日平均0.6 kmの速度で遊泳してボストンに近いコッド岬近海で刺し網にかかったと記されている．この間に大なり小なりの鉛直回遊をしたことも記録されているが，とくに2～3月と，5～6月には集中的に顕著な鉛直回遊をしたと記されている．その2回の鉛直回遊は1回目には6週間にわたって水深約75～180 mの間で繰り返し行われ，2回目には5週間にわたって表層から水

深約240 m の間で頻繁に行われている．こうした行動を起こす引き金はまだ明らかにされていないが，アンコウの成魚が海の表層へ浮上した時に海鳥を襲っても異常な行動ではないという証にはなる．

アイスランド近海や北東大西洋では，もっぱらイカ類を選択的に捕食するといわれるマッコウクジラがアンコウその他の底魚を食べていたという報告がある．どこで食べたかわからないが，水深900 m くらいまでは苦もなく潜水するこのクジラが深海でアンコウをのみ込んでいても驚くほどのことではない．海棲動物の食物関係は鉛直的にも複雑である．

3-2 深海，深海魚

海の表面積は地球の表面積の約70％を占めるといわれ，その広い海の容積の95％は水深200 m 以深の部分で，ここがいわゆる深海である．通常，中深層以深が深海といわれるが，漸深層から下を深海という場合もある（図1-4：5頁）．そういうところに棲息している魚が深海魚である．いずれにしても深海は不気味な暗黒の世界で，水圧，水温，溶存酸素量，生物量など，魚にとっては厳しい棲息環境である．とくに，深海底の所々に存在する熱水噴出孔などの例外はあるが，光合成による一次生産が行われないので，食物不足は魚にとって深刻である．しかし，深海魚はこの棲みにくい環境に適応して生活しているのである．

種類数が1,000種類に届かないサメ・エイの仲間は深海では少数派で，いわゆる深海魚の範疇に入る種類数は比較的少なく，水深3,000 m を超えると極端に減少し，6,000 m 以深には出現した記録がない．

これに対して多数の種類を擁する真骨魚類には，いわゆる深海魚が多く，分化の過程が異なる一次的深海魚（あるいは古代的深海魚）と，二次的深海魚（あるいは大陸棚性深海魚）に分けられる．

一次的深海魚はワニトカゲギスの仲間，ハダカイワシの仲間，チョウチンアンコウの仲間など，系統分類では，どちらかといえば低位の分類群が多く含まれる．大きな口，鋭い顎歯，極端に長い顎ひげ，さまざまな形の

発光器の発達など，体形や外部器官の形態は魚種によってまちまちであるが，特殊化が進んで見るからに不気味な深海魚（とくにワニトカゲギスの仲間に多い）という印象を与える種類が多い．棲息場所は中深層を中心に広がり，漸深層から深海底まで分布する．

二次的深海魚はソコダラの仲間，アシロの仲間，カジカの仲間，クサウオの仲間，ゲンゲの仲間，カレイの仲間など，系統分類では，比較的低位の分類群も含まれるが，高位といわれる分類群に属する魚が多い．沿岸海域から大陸棚，大陸斜面に沿って深海底，超深海底へと勢力を広げた種類が多く，形態的特徴は浅海域の仲間とあまり変わらず，特殊化した形質は少ない．

このように深海魚を2群に分別すると，たしかにわかりやすいが，明快に分けにくい事例もある．たとえば深海の底層に棲息するホラアナゴの仲間は一次的深海魚か二次的深海魚か，と判断に迷う．また，表層魚の代表的な存在であるジンベエザメやマグロの仲間などが水深1,000 m辺りまで鉛直回遊を繰り返したり，昼間は中深層・漸深層にいるソコハダカやゴコウハダカのようなハダカイワシの仲間が夜間に表層へ浮上したり，と仕切りのない海中では魚の行動は一様でない．

3-2-1　オオクチホシエソ

数ある発光深海魚の中でワニトカゲギス目に属するオオクチホシエソの変わった発光器が話題になっている．暗闇の深海の照明は，プランクトン，エビの仲間，イカの仲間，魚など，多くの動物が体に備える発光器の光である．その波長は450〜500 nmで，無数の青い光が漆黒の世界を行き交う．したがって多くの深海魚の色覚は青色系に片寄っている．たとえば，深海魚52種類の眼の網膜の研究では，45種類の魚の錐体の視物質が吸収する光の波長の極大値は474〜490 nmの範囲にあることが明らかにされている．このような事実に基づいて，体表に発光器をもつ深海魚はおもに青色系の光を仲間あるいは雌雄間のコミュニケーション，餌になる動物の誘引などに使うというのが通説になっている．

赤く光る発光器

　オオクチホシエソは発光魚のなかでは名うての変わり者である．この魚，体長は 20 cm 前後で，通常，水深約 500〜1,000 m に棲息するといわれ，表層へ日周的に鉛直回遊をすることはない．発光器は 2 種類あり，頭部の眼の後下方にある青緑色の光を放射する発光器に加えて，眼の直下に赤い光を放射する大型の発光器が大きな特徴となる（図 3-11 A）．この大型の発光器の光も発光時には青緑色であるが，発光器の表面にある褐色のフィルターの内側で蛍光色素に吸収され，フィルターの表面から放射される光は赤く，700 nm 前後の赤外域にまたがる長波長になっている．赤い光は海中ではすぐ減衰して遠くへは届かないが，他の動物には見えないので獲物にも捕食者にも気づかれずに情報を得ることができる．とはいうものの，深海魚のなかには鋭敏な嗅覚や側線感覚の持ち主がいるので油断はできない．

　ところで，オオクチホシエソの錐体は 2 種類しかなく，それぞれ極大吸収波長が約 520 nm と 540 nm の視物質を含むところから，青〜緑の光は見えても長波長の赤い光はこの魚自身も見ることができないことになる．しかしこの魚は実に巧妙な仕組みによって不可能を可能にしている．彼らの視細胞には通常の視物質のほかに緑色細菌や植物プランクトンに由来する特殊な光増感物質が含まれ，これによって長波長の光を青緑色に変えて見ているのである．

大口に不似合な食性

　オオクチホシエソはその摂食装置からはとても想像できない食性の持ち主である．口は大きく開き，長くて鋭く尖る下顎の歯，退化した鰓耙と鋭い咽頭歯など，摂食装置は典型的な大物食いの特徴をそろえている（図3-11 A）．ところが，北大西洋，メキシコ湾，および太平洋の複数の海域から採集された 91 個体のオオクチホシエソの消化管内容物を調べた結果によると，摂食装置の特徴に似合わず，個体数にして 69〜83％，重量にして 9〜47％がカラヌス類のようなコペポーダを主体とするプランクトンで，これらを選択的に摂食していたという．サクラエビの仲間やハダカイ

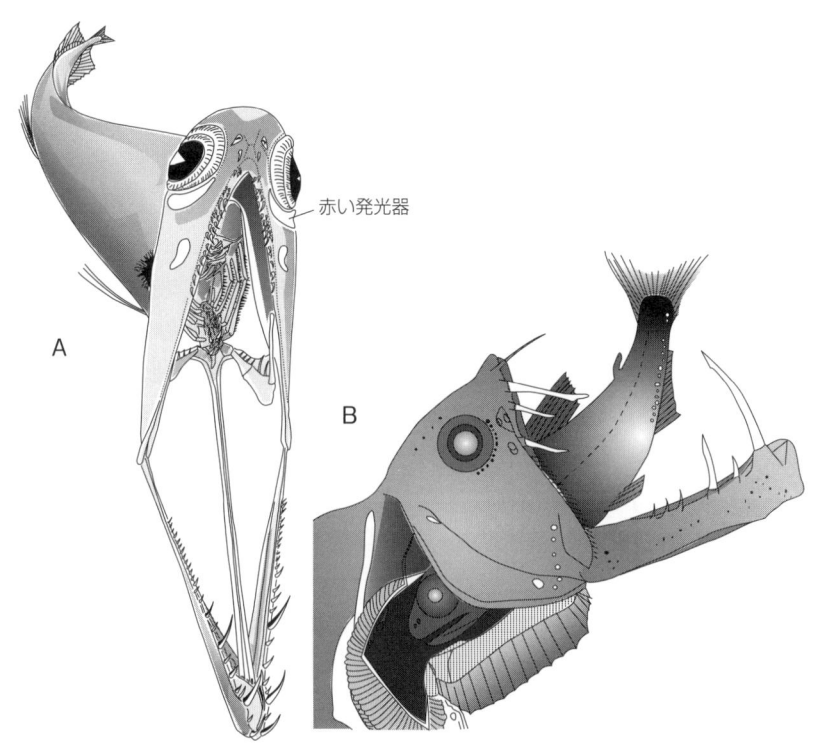

図3-11　A：オオクチホシエソの赤い発光器とホウライエソと同じように大物食い向きの口（Günther und Deckert, 1959を改変）
　　　　B：大食いのホウライエソ（Tchernavin, 1953を改変）

ワシの仲間も含まれていたが個体数はごくわずかしか見当たらなかったという．ただ，エビや魚の重さが影響して重量比率ではプランクトンの値は低くなっている．この魚が大きな口を開くと広い口腔は底抜けの状態になるのに，取り込んだプランクトンを口内にうまく確保できるかどうか危ぶまれるし，プランクトンのろ過装置の役をする鰓耙がほとんどない点も疑問点として浮かぶ．それでもこの魚は間違いなく相当量のプランクトンを摂食しているという証が消化管内に残っているのである．
　また，オオクチホシエソ採集場所にいるコペポーダおよびこの魚の胃内

容物から採取したコペポーダから抽出した物質中に，植物プランクトンのクロロフィル誘導体と思われる物質が検出されることから，この魚の特殊な光増感物質は食物連鎖を通してコペポーダから取り入れられると推察されている．このような奥の手を使ってオオクチホシエソは深海の動物には見えない赤い光を身辺へ照射して，プランクトンの小さい群れを探し出すのである．また，この特技は近くの仲間との交信手段にもなる．

　自身の体長の約30〜60％の大きさの魚でも丸のみすることで有名な深海魚ワニトカゲギス目のホウライエソは，頭蓋骨と脊椎骨の関節が柔軟で，獲物を捕らえる時，口を前上方へ大きく開き，顎の鋭い歯と口内の歯で獲物をくわえると，そのままのみ込むといわれる（図3-11 B）．

　ホウライエソと類似した大物食い向きの摂食装置，赤外色感覚系，プランクトンに含まれる光増感物質の素，と組み合わせると，オオクチホシエソという奇妙な深海魚の進化の過程を垣間見ることができるような気がする．

3-2-2　シギウナギとフクロウナギ

　異様に長い顎が自慢の2種類の深海魚．

その1．シギウナギ

　シギウナギの仲間は海表から水深約2,000 mの範囲で採集されているが，中深層を中心に棲息する深海魚と推察されている．この仲間は体形が極端に細長く痩せ細り，全長68 cmの雌のシギウナギの体高はわずか5 mm足らずで，尾部後端はフィラメント状に長く伸びる．

　両顎は細長く，嘴状で，しかも弓なりになって上顎は先端で背側に，下顎は腹側に反り返って，顎の噛み合わせがうまくできない．どう見てもふつうの摂食行動はできないような顎である．しかし細長い顎の表面には巧妙な細工が施されていて，無数の微小な歯の先端が後ろ向きに並び，他物が引っかかりやすく，獲物はこの微小歯にかかると口の方向にしか動けないのである．

　シギウナギが独特の嘴を使って摂食する行動は，北大西洋で行われた潜

水艇による深海魚の生態調査によって初めて明らかにされた．それによるとシギウナギは水深300 m以深に棲息し，通常，頭を上方へ向けて定位し，体をわずかに波打たせ，ほとんど動かずに浮流する．その付近には，第二触角（ひげ）が体長の約3倍以上もあるサクラエビの仲間がよく出現する．このエビもしばしば頭を上に向けて吊り下がるような姿勢で腹肢をせわしく動かしている．長い触角は上方へ向け，広げているが，時折，その前半部を折り曲げて体に平行に垂らす．シギウナギはこのようなエビが接近すると，水平方向に向きを変えて急発進し，この長い触角を嘴に引っ掛けてエビを引き寄せ，あたかも漏斗へ流し込むように狭い口元へ運ぶのである（図3-12 A）．採集されたシギウナギの胃の中を調べると，多くが空胃の状態であるが，甲殻類の破片が出ることもある．また，曳網時にシギウナギとエビが同時に網に入ったり，シギウナギの嘴にエビの触角が絡みついていたりする事実からも，彼らが長い触角をもつエビの仲間を狙って捕らえることは十分想像できる．食物が少ない暗闇の深海では，いたずらに泳ぎ回ることなく獲物を捕らえるシギウナギの省エネ摂食術は理にかなっている．

しかし，奇妙なことに雄は成熟すると，長い嘴状の顎は短縮して，ウナギのようなふつうの顎に変形し，微小歯も消失してシギウナギ特有の顎は見る影もなくなる（図3-12 B）．そのためシギウナギの仲間の成熟雄は50年以上にわたって別属，あるいは別科に属する魚として扱われていた．成熟した雄の嘴が短縮してしまう理由と，その後の摂食行動の実態はよくわからないが，子孫を残す生殖行動後に雄は衰弱死すると推察されている．

余談になるが，最近，ウナギの祖先は深海で誕生し，シギウナギに近縁であることが明らかにされた．ともに深海を発祥の地としながら，片や中深層を中心に静かに暮らし，片や出生の場所から大回遊をして大半が淡水域まで入り込み，成熟すると遠く離れた生まれ故郷の海域まで戻って産卵するという極端に違う生き方を選択しているのである．

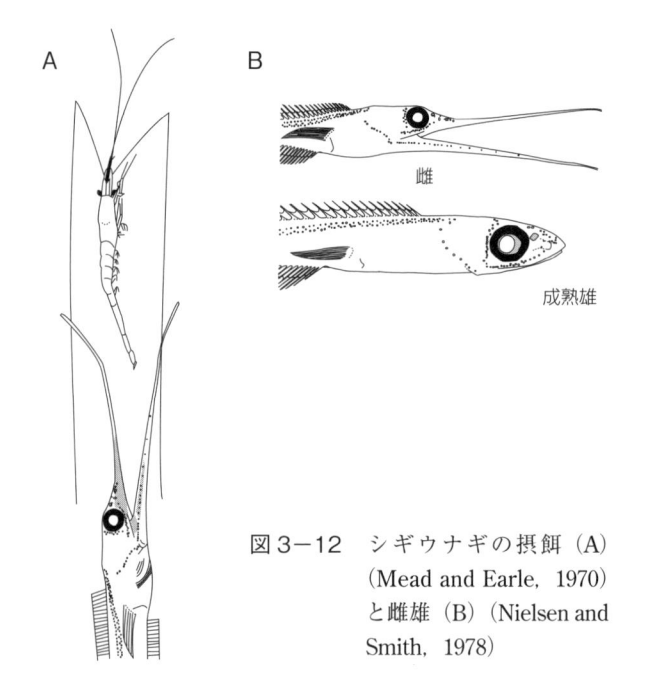

図3−12　シギウナギの摂餌（A）（Mead and Earle, 1970）と雌雄（B）（Nielsen and Smith, 1978）

その2．フクロウナギ

　上顎の前端に頭蓋骨が付着しているような長大な顎と真黒の体は見るからに深海魚らしい魚がフクロウナギである（図3−13 A）．この魚は全長70 cm以上に達し，体形は胴部から後ろがしだいに鞭状に細くなり，尾端にへら状の発光器らしい小器官がある．分布域は全世界の海に広がり，推定棲息深度は約500〜3,000 mといわれるが，7,000 mを超える記録もある．フクロウナギは皮膚が弱く，肉質がもろく，船上に引き揚げられた時には網ずれで皮膚が破れたり，尾部がちぎれていたりして，完全な標本を入手しにくい．

　この深海魚の大きな特徴は頭蓋骨長の7倍を超える長さの顎で，全長40〜55 cmの個体の顎長は8〜11 cmである．体が細長いので，この値はあまり目立たないが，口腔の広さではほかの魚と比較にならない．顎は上下の方向だけでなく，左右にも大きく開き，全長約35 cm，体積9 cm^{3}の

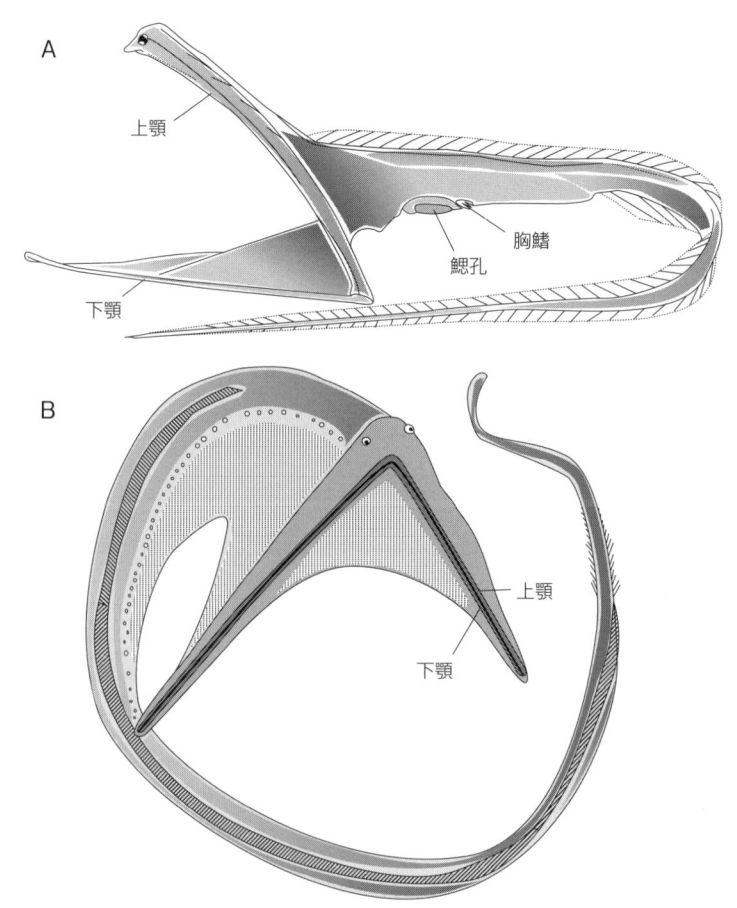

図3-13 フクロウナギ (A) と口幅 (B)
B：Owre and Bayer, 1970 を改変.

個体では口をいっぱいに広げた時の口腔の容積は 100 cm^3, つまり口腔の容積は魚体の体積の約 11 倍になるというから，頭部全体が口のようなものである（図 3-13 B）．当然のことながら主要な食物が気になるところである．

　フクロウナギの胃内容物検査では，小エビなど小型甲殻類，約 10 cm の

魚類を含む多数の魚の眼，外套長5 cm あまりのイカを含むかなり多くの頭足類，褐藻類など，比較的小型ではあるが多彩な食物リストが得られている．しかし大型の獲物をのみ込むと記された本もある．

　この魚は体側筋が貧弱で，尾鰭もないので活発に遊泳活動をするとは考えられず，摂食行動は浮流，待ち伏せ型と推察されている．シギウナギの摂食行動のような観察記録はないが，これによく似たフクロウナギの小エビ摂食過程を示す仮説がある．小エビのような適当な大きさの獲物に遭遇すると，フクロウナギは口を閉じたまま急発進し，顎長より短い距離に近づいて口を押しボタン式雨傘のようにぱっと開く．すると小エビは水流とともに一気に広い口腔内に吸い込まれる．こうして口を閉じると水は顎の隙間と鰓孔から流出し，口腔はすぼみ，閉じ込められた獲物は食道へ送られるというのである．ざっとこういう筋書きであるが，フクロウナギの鰓孔は非常に小さいので口を閉じる際に上手に排水できるかどうか（図3-13 A）．そういう疑問がわいてくる．ただ大きい魚などの捕食にはうってつけの大口である．

　フクロウナギも成熟すると雄の形態に雌と異なる変化が生じる．鼻が隆起し，嗅板は露出するほど発達するのである．これは雌のフェロモンを感受する能力の向上を意味するといわれる．また雌の胃に目立った変化はないが，雄は胃が退化して絶食状態になっていて，シギウナギの雄と同様に種族維持の目的を果たすと衰弱死すると推察されている．

3-2-3　クサウオの仲間

　二次的深海魚に属する魚は多く，暗い海底に棲息し，文字通り一向に日の目を見ない魚である．一部のクサウオの仲間もそのグループの一員である（図3-14）．

　クサウオの仲間は体がふっくらとして，こんにゃくのように軟らかく，通常体表が滑らかで，鰭に固い棘がなく，かつ，地味な体色で半透明系や赤色系が多いことなど，どちらかといえば深海魚らしい特徴が多い．多くの研究で，この仲間は浅海域の種類から深海の種類へと分化して棲息場所

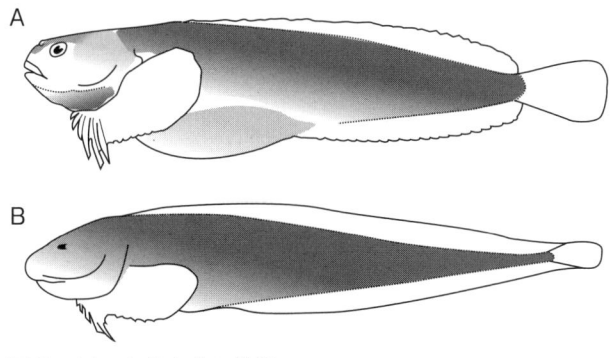

図3−14　クサウオの仲間
　　　　A：浅海に棲む種類（Abe, 1995を改変），B：超深海底帯に棲む種類（Rass, 1974を改変）．

を拡大したと結論されていて，二次的深海魚であるという説は大方の専門家が認めるところである．

幅広い分布域

　クサウオの仲間は種類が多いこともあって，その棲息場所は多岐にわたり，水平的には太平洋，大西洋，インド洋，北極海から南極海まで，また，鉛直的には沿岸の潮間帯から水深7,000 m超の超深海底帯まで広がる．日本の周辺にも40種類以上が分布し，神奈川県葉山海岸のタイドプールで採集されたスナビクニンや北海道網走沖の水深1,300 mを超える海域から採集されたアオインキウオなどが記載されていて，この仲間の棲息場所の広がりがよくわかる．さらに深いところでは，千島・カムチャツカ海溝〜日本海溝の水深6,156〜7,579 mからコンニャクウオの仲間が採集されている．また日本海溝では水深6,945 mで遠隔操縦型探査機につけた餌に近寄ってきた全長22.5 cmの深海性クサウオの仲間が撮影され，遊泳速度まで測定されている．

　チリ南部でもこの仲間は潮間帯に棲息する種類から水深およそ1,400 mの大陸斜面に棲息する種類まで，鉛直的に広く分布するという研究報告がある．

クサウオの仲間が分布域を全世界の海底へ拡大した過程についてはつぎのような仮説がある．この仲間の発祥の地は北太平洋で，この海域では種類数がきわめて豊富である．ここから浅海に棲息する種類は北太平洋の浅海域はもちろん，鮮新世の氷河期前にベーリング海峡，北極海を経て北大西洋へ進出して勢力を拡大した．いっぽう，インキウオの仲間やコンニャクウオの仲間のような深海群は北・南アメリカ大陸の西岸沖を南下してパタゴニア～西部南極大陸周辺海域へ到達し，この辺りに二次的種分化の中心を形成する．そして，中新世中期に南アメリカ南端のドレーク海峡が完全に開くと南大西洋へ入ってその東部まで勢力を広げ，北上群は北大西洋へ，一部はインド洋へ進出したというのである．チリ沿岸の潮間帯に棲息する浅海性クサウオの仲間の種分化の過程に不明瞭な点があるが，北太平洋に棲息する2種類と南極海に棲息する1種類のインキウオの仲間の脳，神経，感覚器系の比較研究結果では，両者は共通の祖先から派生したと推論されていて，これは深海性クサウオの仲間の史的大移動の裏づけの一つにはなる．

　また，オーストラリア沖の水深約600～1,400m辺りからも30種類以上のコンニャクウオの仲間やインキウオの仲間などが採集されているが，その起源は明らかでないといわれ，クサウオの仲間の分布域拡大過程にはまだいくつかの謎が残されている．

食性

　クサウオの仲間の食物は棲息場所によって異なり，胃内容物には小型甲殻類，多毛類，魚類などが多い．そして彼らの食物探しには視覚より化学感覚，なかでも嗅覚が重要なはたらきをするといわれる．とくに深海底に棲息する種類では鼻や味覚器が高度に発達するが，眼は退化的であることが指摘されている．また，この仲間の胸鰭下部の鰭条はしなやかな鞭のように動き，その表皮中には味蕾が分布していて，クサウオの仲間，コンニャクウオの仲間，インキウオの仲間は，これらの鰭条と口で海底をつつきながら食物探しをする．カナダ北方の北極海では水深1,380mおよび2,760mの海底近くをゆっくり泳ぎながら，胸鰭下部の鰭条で海底に触れ

ているインキウオの仲間の姿が遠隔操縦型探査機によって撮影されている．

産卵

　クサウオの仲間には独特の産卵習性がある．浅海域のクサウオの仲間は二枚貝の空貝殻，フジツボ群の間隙，岩の裂け目などに卵塊を産みつけることが知られている．コンニャクウオの仲間の産卵習性はさらに変わっている．ベーリング海東部の水深約 200～450 m に棲息するオグロコンニャクウオはタラバガニ科（ヤドカリの仲間）のイバラガニモドキの鰓腔に産卵するのである．卵は粘着性で比較的大きく平均卵径は 4.83 mm で，卵塊として産みつけられる．卵塊に含まれる卵数は雌の大きさによって異なるが平均 790 個で，孵化後もしばらくここに居座って寄生する．もっと深い 450 m 以深に棲息する小型の赤色のコンニャクウオの仲間も同じくイバラガニモドキの鰓腔に産卵する．コンニャクウオにしてみれば，卵は絶えず新鮮な呼吸水が流入する安全な場所に保護されるという恩恵を受けるが，宿主にとっては呼吸に不可欠の鰓組織が傷ついたり，壊死したりして生存を脅かされ，迷惑千万な話である．しかし，このコンニャクウオの仲間とタラバガニの仲間との関係は種類の違いはあっても，広く世界の各海域に広がっている．

　アリューシャン列島近海では水深 397 m の海底に生えている八放サンゴのヤギの仲間の表面に産みつけられたコンニャクウオの仲間の粘着性卵塊が採集されている．

　着底したばかりの子魚がホタテガイの仲間の外套腔内を隠れ家とする種類も知られている．

　この仲間の風変わりな産卵習性や子魚の習性もまた多様化している．

第4章
暖かい海と冷たい海

　暖かい海といえば熱帯の海という答えが多い．水温は高く，底抜けに青く透き通っていて美しい．しかしサンゴ礁は例外として，一般に栄養塩が少ないので生物の量は少ない．他方，冷たい海といえば，やはり南極と北極の海であろう．年中あるいは少なくとも冬季の水温は氷点下で，生物は酷寒の環境で生き抜く戦略を身に秘めている．北半球でも南半球でも，亜寒帯から温帯にかけては栄養塩の豊富な海域が多く，植物プランクトンなどによる生物生産の量は多く，ひいては生物の種類も量も多い傾向がある．

4-1　サンゴ礁の魚

　熱帯海域は生物相が貧弱といわれるが，サンゴ礁海域は特別で，多種多様の生物が棲息する．サンゴ礁は付着藻類，褐虫藻を内蔵するサンゴ，植物プランクトンなどによる生物生産の量が多く，大小，多種多様の動物がここに集まり，常夏の楽園となっている．
　サンゴ礁を形成するサンゴは多量の粘液を分泌してシートをつくって体表をくまなく覆い，身を守る．粘液にはデトリタス，砂粒，微生物などが付着するので粘液シートはたちまち汚れてしまう．すると彼らは汚れたシートを脱ぎ捨てて新しいシートに張り替える．新鮮な粘液中にはワックスエステル（蝋）が含まれていて，これは深海動物プランクトンが貯蔵エネルギーとして体内に保持するものと同じである．この粘液が栄養に富むこ

第4章　暖かい海と冷たい海

とを承知のうえか否かはわからないが，チョウチョウウオの仲間，ベラの仲間，ブダイの仲間などは頻繁にこれを剥ぎ取って食べる（図4-1）．試みにサンゴの粘液をかき集めて海中に放すと多数の魚が集まってきてこれをむさぼり食う．脱ぎ捨てられた粘液シートは新鮮な粘液より栄養塩の含有量では劣るが，海中を漂って沈むまでにバクテリアや有機物粒子などが付着して微生物にも利用され，栄養塩の循環に貢献する．

なお，パプアニューギニア，ニューブリテン島のサンゴ礁にはサンゴ食性のチョウチョウウオの仲間とベラの仲間が棲息し，種類数では前者が多いが，棲息密度はクロベラなど4種類のベラの仲間がミカドチョウチョウウオなど9種類のチョウチョウウオの仲間の約2倍あまりいて，サンゴ摂食痕では約3倍に達するという．

ところで多数の生物でにぎわう楽園は魚にとっても快適な環境のように思われるが，実情は必ずしもそうとはいえない．サンゴ礁海域は光合成が行われる昼間の明るいうちは海中の溶存酸素量が不足する心配はない．ところが一次生産が停止する夜になると，造礁サンゴを含めてこの海域の生物の呼吸による酸素の消費は続くので，楽園のあちこちに酸素不足の場所が生じる．当然のことながらサンゴの近辺を隠れ家として夜を過ごす魚にとっては息苦しい環境になるはずである．このように毎晩酸素不足に見舞

図4-1　サンゴ礁の魚

われるサンゴ礁海域に棲息する魚には，コバンハゼの仲間をはじめとして，イトヒキテンジクダイ，ネッタイスズメダイ，インドカエルウオなど，酸素不足に対する抵抗性を身につけた魚が少なくない．

4-1-1　ニセネッタイスズメダイ，ニシキベラなど（UV カットをする魚）

　強い紫外線もサンゴ礁の魚にとって油断できない環境要因の一つである．浅海に棲息する生物は否応なしに強い紫外線にさらされるが，その強さは夏になるとヒトの皮膚に有害な放射量の 30 倍に達することがあるといわれる．

　紫外線 ultraviolet ray（UV）と聞くと誰もが日焼けを連想し，とりわけ女性はよい印象をもたない．太陽から放射される紫外線は波長によって 3 種類に分けられる．波長 315〜400 nm の長波長紫外線（UV-A），280〜315 nm の中波長紫外線（UV-B），および 100〜280 nm の短波長紫外線（UV-C）で，これらのうち，UV-A と UV-B は成層圏のオゾン層を通過して地表まで到達するが，UV-C はよほどのことがない限り地表へは到達しない．私たちにとって，UV-A は皮膚の色素沈着をもたらし，UV-B は日焼けやビタミン D 合成にかかわるが，浴び過ぎると皮膚に傷害が生じる．UV-C は生体にきわめて有害である．

　サンゴ礁に棲息する魚の多くは UV の悪影響を承知のようで，皮膚に紫外線よけの物質を貯えて UV カットの化粧を施しているのである．

　グレート・バリア・リーフや，ハワイのサンゴ礁で 137 種の魚を調べた結果，その 90% の魚は皮膚に UV カットの化粧をして紫外線から身を守ることが明らかにされている．彼らの皮膚の表面を覆う粘液には紫外線を吸収する物質が含まれ，紫外線はここでほとんど吸収されてしまうといわれる．

マイコスポリン様アミノ酸

　紫外線吸収物質の本体はマイコスポリン様アミノ酸 Mycosporine-like amino acids（MAAs）と総称されるアミノ酸類で，20 種類あまりの関連化合物が知られている．マイコスポリンはもともと水棲生物とは無縁のキノ

コの胞子形成にかかわる物質として発見されたものである．その後，この物質が生物にとって有害な紫外線を吸収し，生体防御機構に重要な役割を果たすことがわかってから，水棲生物のMAAsにも研究者の関心が集まるようになった．

　MAAsの紫外線吸収曲線のピークはおおよそ309～360 nmの範囲にあり，ほぼUV-AおよびUV-Bの波長の範囲を包含する．水中ではこれらのアミノ酸は細菌，植物プランクトン，藻類などによって生合成され，動物は無脊椎動物，脊椎動物を問わず，自ら生合成できないので，体成分としてこれを蓄積するには，食物連鎖を通して食物から取り込む以外に手立てはない．魚も例外ではなく，食物を通してMAAsを取り込み，体表を覆う皮膚の粘液中に配合して紫外線障害から身を守る．したがって，魚の皮膚粘液中に含まれるMAAsの量は摂取する食物に左右されることになり，魚種によって違うし，同種の魚でも個体差があったり，雌雄差があったり，水域差があったりして，一口でまとめることは難しい．

ニセネッタイスズメダイ・ニシキベラ

　グレート・バリア・リーフに棲息するニセネッタイスズメダイの皮膚粘液に含まれるMAAsの紫外線吸収曲線のピークは320～329 nmにあり，その含量は尾叉長3～9 cmの大きさの範囲では大きい個体ほど多く，また，病魚では健康魚と比較して少ないことが明らかになっている．さらに，この魚を室内で飼育すると，飼育期間が長くなるにつれて皮膚粘液中のMAAsの量が減少することも確認されている．その原因は飼育環境では魚が食物からMAAsを十分に摂取できないことにあるといわれる．

　ハワイ近海に棲息するニシキベラの仲間の飼育実験では，MAAsを含む餌を投与しながら紫外線にさらすと皮膚粘液の紫外線吸収量は増加することが明らかにされている．また，雌は雄より皮膚粘液の紫外線吸収量は少なく，紫外線による皮膚の損傷も大きいという結果が得られている．この雌雄差については明快な答は出ていないが，雌は皮膚以外に卵形成の過程で産卵後の浮遊卵保護のためにMAAsを卵に分配するのではないかという説がある．

サンゴ礁以外の魚の紫外線対策

　サンゴ礁でなくても，棲息場所の紫外線放射量の違いによって皮膚粘液中のMAAsの量に違いがある魚もいる．カリフォルニア沿岸の潮間帯から潮下帯に棲息するブチカジカの仲間は分布範囲が広く，北はアラスカ沿海から南はバハカリフォルニア沿海まで広がる．この魚の皮膚粘液に含まれるMAAs量は南部の低緯度海域の個体ほど多く，北部の高緯度海域の個体ほど少ないという．紫外線放射量の地理的な違いを考慮すると興味深い事実である．

❶❸ ノート
紫外線が見える魚

　紫外線の波長は私たちの可視光線の範囲外にあるので，私たちはこれを色として見ることはできない．しかし水面近くやサンゴ礁などには波長が360 nm前後の紫外線を受容できる錐体をもつ魚がいて，彼らはいわゆる紫外色として認識できることが明らかにされている．紫外線は水中では急速に散乱してしまうので，紫外線を認識できる魚のほとんどは淡水および浅海に棲息する．
　スズメダイの仲間やチョウチョウウオの仲間は多くの種類に分かれていて，それぞれがサンゴ礁の舞台で美しい体色の色模様を競い合っているので，仲間を認識することが難しいのではないかと心配になる．しかし，スズメダイの仲間，チョウチョウウオの仲間，ニザダイの仲間，ベラの仲間，ブダイの仲間などの皮膚には紫外線を反射する魚種特有の色模様がある．彼らは紫外域の波長の光刺激を受容する錐体を備えていて，紫外線模様をコミュニケーションや雌雄の配偶行動に役立てているのである．淡水魚でもグッピーの仲間の雄は皮膚に紫外線模様をちりばめて，巧みに雌を誘うことが明らかにされている．
　このような事実はモンシロチョウの紫外線感覚の話を思い出させてくれる．モンシロチョウの雌と雄は私たちが見ると，翅の色にはほとんど差がない．しかし，翅の紫外線の反射率は雌雄によって違い，紫外線だけを透過させるフィ

ルターをつけて写真撮影をして翅を比較すると，雄では紫外線を吸収するのに対し，雌では全面的にこれを反射するので，両者の違いは一目瞭然である．モンシロチョウは紫外線を見ることができるので，雄は容易に雌を見分けることができるといわれる．

　グレート・バリア・リーフでは，「なわばり」をつくるニセネッタイスズメダイは眼の後方の鰓蓋と鱗などに特徴のある紫外線を反射する色模様を施していて，「なわばり」を支配する雄は侵入してくる同種の個体の紫外線模様を見てしつこく追い払う．こうして体に紫外線を反射する特有の模様を使って体を飾るサンゴ礁の魚は，私たちには見えない色模様を目印にして，仲間を見つけたり，異性を探したり，あるいは捕食者の眼を欺（あざむ）いたりしているのかもしれない．

　サケ・マスの仲間の稚魚には紫外域波長の光刺激を受容する錐体がある．しかし降海回遊に先立って体色が銀色になる銀化（ぎんけ）が始まるとこの錐体は消失する．そして彼らが成熟して母川へ帰る時には紫外線受容錐体は再び出現するという．

4−1−2　チョウチョウウオ

　「サンゴ礁に最もよく似合う魚は？」と問われると，スズメダイ，ブダイ，それともキンチャクダイ，……，どれにしようかと迷うが，やはりサンゴ礁を舞台にして蝶が乱舞するように泳ぐ色とりどりのチョウチョウウオの仲間であろう．この仲間は熱帯や温帯の暖かい海に棲息し，とくにインド・太平洋のサンゴ礁海域には多い．その薄板を立てたような左右に平たい体形は高速遊泳には不向きであるが，凹凸が多いサンゴの間隙を縫うように方向転換をする遊泳には適している．

形態と食性

　チョウチョウウオの仲間は頭部，とくに両顎の形態が種類によって著しく異なるが，これは食性と関係がある．一例をあげると，両顎を支える骨はサンゴをかじり取るミスジチョウチョウウオなどでは相対的に短く，底棲小動物やサンゴに付着する小動物をついばむように摂食するオオフエヤ

ッコダイでは前方へ棒状に極端に長く突出する（図4-2）．オオフエヤッコダイがサンゴの陰に付着して捕らえにくい小型甲殻類などを摂食する時，その長い顎を前方へ突き出して獲物に噛みついてすばやく吸引する独特の動きを可能にしているのは顎骨の動きにかかわる複数の骨の関節方式にある．

　顎の形の差異を反映するようにチョウチョウウオの仲間の食性は種類によっていくつかに分けられるが，広義のサンゴ食性の種類が結構多い．日本産32種類の胃内容物の研究では，彼らの食性はイシサンゴのようなサンゴだけを食べるサンゴ食性がミスジチョウチョウウオなど31%，サン

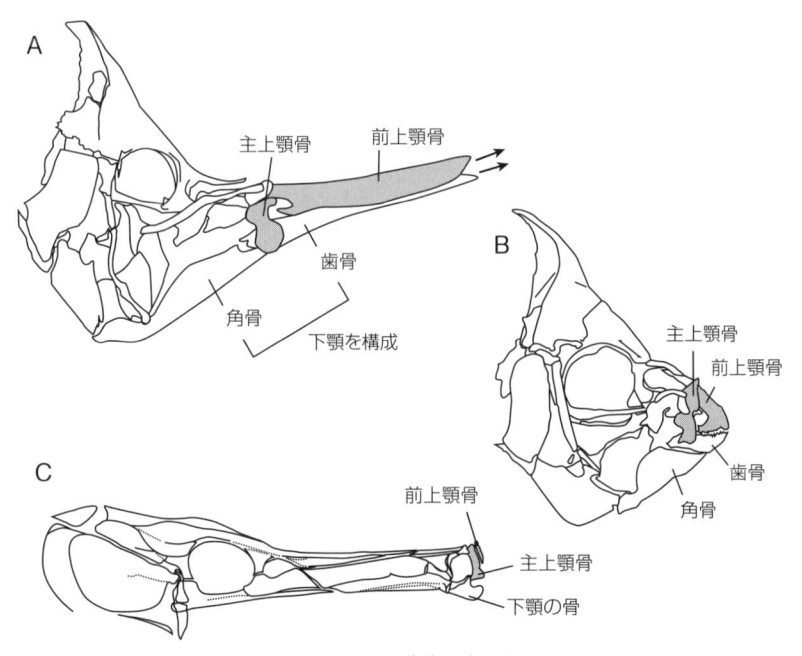

図4-2　長顎のオオフエヤッコダイ（A），短顎のアミメチョウチョウウオ（B）および前上顎の形と大きさがまったく違うヨウジウオ（C）矢印は上・下顎の動きを示す（A・B：Ferry-Graham *et al.*, 2001を改変）．

ゴや底棲動物などを食べる偶発的サンゴ食性がトゲチョウチョウウオなど41％，両者あわせると70％を超える．そしてサンゴ以外の小型無脊椎動物を選択的に食べる非サンゴ食性がスダレチョウチョウウオなど25％，プランクトン食性がカスミチョウチョウウオ1種類という結果が報告されていて，彼らの食生活とサンゴ礁の密接な関係がわかる．

ポスター配色

　体形とともにチョウチョウウオの仲間が誇示する鮮やかな体色にも意味合いがあり，黄色，オレンジ色，白色，黒色など，多様な色彩の組み合わせによって形成される色彩豊かな斑紋はこの仲間の種類を見分ける鍵になる．チョウチョウウオの仲間を含めてサンゴ礁の魚の体色が明るく鮮やかなことに関しては，ローレンツさんの「ポスター配色 poster colouration」仮説が有名である．すべての「ポスター配色」魚は「なわばり」をつくり，それぞれの体色は彼らの種特異的信号になっていて，彼らはこれによって同じ種類の個体間の距離を保つとともに，周辺の他の種類と不必要な争いが回避できるというのである．しかし，この仮説はあまりにも単純化され過ぎているという意見がある．たとえば，グレート・バリア・リーフのトゲチョウチョウウオなど20種類の行動研究では，「ポスター配色」のチョウチョウウオの仲間はすべての種類が「なわばり」をつくるのではなく，行動圏はサンゴ礁にあるが，単独行動をする種類，3匹以上の群れをつくる種類なども含まれることが明らかにされている．また，「なわばり」内で小競り合いをする例もあり，少なくともチョウチョウウオの仲間では「ポスター配色」の効力は十分に発揮されていないといわれる．いずれにしても彼らの色覚は優れているので，鮮やかな「ポスター配色」が種内コミュニケーションに貢献していることはたしかである．

音に敏感

　チョウチョウウオの仲間は色覚のほかに聴覚も鋭く，音を発して「なわばり」の防衛あるいは求愛行動ができる．ハワイのサンゴ礁の餌場に一雌一雄で「なわばり」をつくるチョウチョウウオを使って行われた研究によると，「なわばり」内に，同種の仲間1匹を入れたビンを置くと，「なわば

り」の主はビンに近づき，尾を振る動作，ジャンプ，腹鰭の軽打，背・臀鰭の起立などの行動によって，比較的低周波の音やクリック音を発してビン内の侵入者を威嚇する．いっぽう，このビン内に侵入者役の雌雄を入れた時には「なわばり」の主がビンに近づくと，ビン内では連れ合いに知らせるように，「ぶうぶう」と警戒音らしい音が記録されるという．

また，カスミチョウチョウウオの研究では，連れ合いの誘引や求愛行動に関連して脈打つような音を発することがわかっている．その音は頭蓋骨後端と鰾前部を結ぶ発音筋およびその近辺の筋肉を収縮させて鰾を締めつけることによって出される．

コイの仲間などのように鰾と内耳の連結装置を備える魚の聴覚が優れていることはすでに述べたが，チョウチョウウオ属の魚では，鰾は内耳ではなく，側線管と鰓蓋の上端付近で連結している．彼らはこの特殊な連結経路のおかげで音圧感覚が鋭いといわれる．すなわち，鰾の前部の左右両端から角状の突起が前方へ突出して，胸鰭を支える肩帯上部の骨の背端部を貫通する側線管と接し，その部分の骨に孔があって，薄い結合組織などを介して鰾と側線は直接あるいは間接的に連絡する．鰾の角状突起はさらに前方に伸びて耳殻の背方あるいは側方まで達する．角状突起の発達状態や側線管との連結状態は種類によって多少異なるが，この鰾・側線系の情報伝達経路は雑音の多いサンゴ礁でチョウチョウウオ属の仲間に独特のコミュニケーション手段として進化し，視覚によるコミュニケーションと組み合わせて活用されるといわれる．また，鰾前端の角状突起のあるチョウチョウウオと角状突起のないフエヤッコダイの聴覚を比較すると，同じ周波数の音に対し，後者のほうが感受性は低いという研究結果がある．

4-1-3　コバンハゼの仲間とダルマハゼの仲間

サンゴ礁にはサンゴに付きまといながらプランクトンやサンゴの組織を摂食して暮らすハゼがいる．コバンハゼの仲間やダルマハゼの仲間（図4-3）である．彼らはインド・太平洋のサンゴ礁海域に分布する．サンゴの枝陰を隠れ家とする彼らは大家のサンゴの種類との結びつきが強く，サ

図4−3 サンゴを隠れ家とするダルマハゼの仲間
（桑村哲生さん提供）

ンゴと組み合わせで地域性の強い多くの種類に分化している．体長数cmそこそこのこれらのハゼの体形は比較的体高が高くてずんぐりしていて，体色は斑紋が複雑なものから，目立った斑紋がないものまで種類によって多様である．

低酸素に強い魚

　コバンハゼの仲間は低酸素に対する抵抗性が強いことで有名である．サンゴ礁海域は，夜間，とくに凪の夜には，植物の光合成の停止，サンゴ自身や多くの生物の呼吸，海水の対流の減退などの要因が複合的に重なって溶存酸素量が急激に減少して低酸素状態になる．日の出前には溶存酸素の飽和度は20％まで，極端な場合には，瞬間的に2％まで減少する．さらに干潮時には浅所のコバンハゼの仲間の隠れ家は空中に露出することもある．それでも多くのコバンハゼの仲間は隠れ家にへばり付いて動こうとしないので，サンゴとともに空中にさらされて運命をともにすることもある．グレート・バリア・リーフで行われた実験では，コバンハゼの仲間は海水中の酸素飽和度が15〜25％の低酸素状態になっても呼吸できることが明らかにされている．この仲間は鱗のない皮膚に多数の蜂の巣状の毛細血管の集合体が発達し，ここで皮膚呼吸ができるような機能を獲得したこ

とも，低酸素抵抗性が発達した一因といわれる．この独特の呼吸機構によって，彼らは水から離れて空気中にさらされても空気呼吸によって酸素消費量は水呼吸の約60％を維持できる．

皮膚毒

　コバンハゼの仲間の皮膚には呼吸とは別の特有のはたらきがある．魚毒性のペプチドを含む比較的大型の分泌細胞が多数分布しているのである．これらのハゼを収容した容器に小魚，たとえばスズメダイなどを入れると間もなく死んでしまう．沖縄のサンゴ礁に棲息するフタイロサンゴハゼなど4種類のコバンハゼの仲間を使って行われた皮膚毒の比較研究によって，これらのハゼの皮膚の懸濁液中にルリスズメダイなどのような小魚を入れると，呼吸困難に陥り，平均2〜10分で死にいたることがわかった．皮膚毒の強さは種類によって違い，最も毒性が強いのはキイロサンゴハゼで，必要に応じてサンゴの枝の間から出て周辺を泳ぐことがあるが，その他のコバンハゼの仲間はサンゴの隠れ家から離れようとしない．この皮膚毒は溶血性があって，私たちが口に入れると，ひりひりして苦味があるので，毒腺を張りめぐらした彼らの皮膚は魚食性の魚に対する化学的防御の役割を果たす．

　グレート・バリア・リーフの6種類のコバンハゼの飼育実験でも，皮膚粘液はネンブツダイに対して有毒で，粘液の懸濁水中ではネンブツダイは姿勢制御ができなくなり，上下左右に回転し，立ち直れないという結果が得られている．この実験でも強い毒性を示したのはキイロサンゴハゼの皮膚毒であった．さらに餌のエビにコバンハゼの仲間の皮膚の分泌液を注入して口の大きいハタの仲間や，口の小さいオトメベラに投与したところ，毒入りのエビは無毒のエビと比較して明らかに敬遠されることが判明した．

　また別の研究では，この皮膚毒はサンゴを摂食するチョウチョウウオに対しては効力があるが，強い捕食者に対しては有効な防御効果がなく，おそらくサンゴ群落に侵入しようとするサンゴ食性の捕食者に対してコバンハゼが体を張って攻撃する時に補足的役割を果たす程度であろうと推察さ

れている．

　さらにコバンハゼの仲間と近縁のダルマハゼ属に属するダルマハゼの仲間を比較すると，前者の体表には鱗がないが，後者の体表は鱗に覆われ，皮膚に毒分泌細胞がない．両者ともに皮膚にダンゴムシに似た寄生虫が吸着するが，寄生部位を比較すると，寄生率はコバンハゼの仲間では体より鰭のほうが高く，ダルマハゼの仲間では体の表面のほうが鰭より高い．前者の毒分泌細胞は体の皮膚に多数分布し，鰭の表面には存在しないので，寄生虫は毒分泌細胞の多い体の皮膚を避けて鰭に多く吸着するといわれる．この研究からコバンハゼの仲間の皮膚毒は寄生虫による皮膚呼吸阻害を排除するために適応進化した産物であるという仮説が導かれている．

性転換

　もう一つ，ダルマハゼの仲間とコバンハゼの仲間には種族維持の面で見逃せない特徴がある．彼らは両性生殖巣をもち，雌にも雄にも性転換できるのである．

　サンゴ礁には性転換をする魚が多いが，ベラの仲間のように最初雌として成熟して産卵し，さらに大きくなると雄に性転換するか，あるいは逆にクマノミの仲間のように，まず雄として成熟し，後に雌に性転換する例が一般的である．しかし，沖縄のサンゴ礁に棲息するダルマハゼの仲間はサンゴの枝の間の隠れ家で一夫一妻の生活をし，たまたま同性の2匹がペアになると，その時の両者の力関係によって，片方が雄にも雌にも性転換できるのである．つまり1匹が雌雄双方向に性転換できるという変わり種で，新しいペアができる時は大きい個体は雄になることがわかっている．コバンハゼの仲間も双方向の性転換をすることが確認されている．

　グレート・バリア・リーフではコバンハゼの仲間は未成熟時にはすべて雌で，成熟した雌どうしでペアを組ませると1匹は雄に性転換し，また，成熟した雄どうしでペアを組ませると，1匹は雌に戻ることが野外実験で明らかにされている．

　何かにつけて話題になるハゼである．

4-1-4　クロソラスズメダイの仲間

　サンゴ礁にはサンゴをかじる魚や，植物食性の魚が多い．なかでも海藻を好んで食べるスズメダイの仲間，ブダイの仲間，ニザダイの仲間などのような藻食性の魚が目につく．ただしこれらの分類群のすべての種類が藻食性ではない．

　藻食性の魚には，生えている海藻を手当たりしだいに食(は)む型と，好みの海藻を生長させて食べる農業型とがある．農業といっても，その魚がサンゴ礁を耕して海藻の種まきをするわけではない．あえていえば「なわばり」をつくってその中の雑藻の除去に余念がない魚である．

なわばり内で農業する魚

　沖縄のサンゴ礁にはクロソラスズメダイ，ハナナガスズメダイ，ルリホシスズメダイ，スズメダイモドキなど，「なわばり」をつくる藻食性のスズメダイの仲間が棲息する．なかでも紅藻類に属する糸状のイトクサの仲間の1種類にこだわり，これを必需食料としているクロソラスズメダイはこの海藻を確保するために「なわばり」をつくるが，単なる食物確保のための「なわばり」でなく，「なわばり」内で農業をするのである（図4-4）．

　この篤農(とくのう)の魚，クロソラスズメダイは比較的小型の「なわばり」をつくり，その内側に生えるイトクサだけを選んで食べる．もし「なわばり」内の藻類を食べようとして侵入する魚やウニがいると，「なわばり」の主はすかさず侵入魚を激しく追い払ったり，ウニならこれをくわえて放り出したりする．そして「なわばり」内に食用にならない藻類が生えてくると，せっせとこれをくわえて「なわばり」の外へ運び出して捨て，結果的にイトクサの生産量を増やすように作業を続ける．少々誇張していえば，この魚は「なわばり」を農場として管理し，必需食料のイトクサの特定種を栽培するのである．

　除藻の対象となる海藻の種類は十数種類に及ぶが，クロソラスズメダイが頻繁に「なわばり」の外へ除去する海藻にはモサヅキの仲間，テングサモドキの仲間，ヤナギノリの仲間，シマテングサの仲間など，サンゴモの

第4章　暖かい海と冷たい海

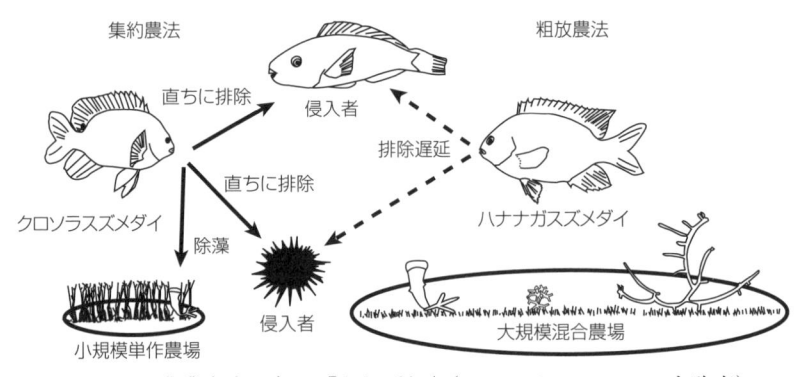

図4-4　農業をする魚の「なわばり」（Hata and Kato, 2004 を改変）

仲間を含む消化のよくない紅藻類が多い．

　試みに「なわばり」内に，縦，横，高さが各 15 cm の籠枠に網目が 20 mm × 20 mm のプラスチック製の網を取り付けて設置し，この魚が雑藻を除去できないようにすると，籠に囲まれた場所ではたちまち雑藻類が繁茂し，2週間以内に彼らの食用藻類として欠かせないイトクサに取って代わって優位に立ち，肝心のイトクサの生産量は減少してしまうという．

　クロソラスズメダイと対照的な「なわばり」をつくるのがハナナガスズメダイである．この魚は前者より若干大柄ではあるが，その「なわばり」は広々としていて，前者の「なわばり」の約20倍ある．そして「なわばり」内へ侵入する魚に対する追い払い行動はクロソラスズメダイほど積極的でない．侵入するウニに対してもおおらかで，排除行動を怠ることさえある．そのうえ非食用藻類の除去作業もしない．その結果，「なわばり」すなわち農場内には「なわばり」の外にはびこる非食用の海藻類を含むいろいろの藻類が混生し，クロソラスズメダイのイトクサの農場と比較して，単位面積当たりの藻類の生産量ははるかに少なく，さながら粗放農場の観がある．

　クロソラスズメダイとイトクサとの関係は沖縄のほか，エジプト（紅海），ケニア，モルディブ，モーリシャス，およびグレート・バリア・リ

ーフのサンゴ礁でも確認されている．クロソラスズメダイが耕作するイトクサの種類は地域によって若干の差異はあるが，両者の関係はインド・西太平洋の広い範囲で保たれているらしい．

海藻の表面の付着物も貴重な食物

別の研究の話になるが，グレート・バリア・リーフ北部のサンゴ礁に棲息するクロソラスズメダイ，スズメダイモドキ，およびダンダラスズメダイの仲間の3種類が食べる海藻，海藻表面に付着するデトリタス，沈殿物，無脊椎動物などの成分分析と，彼らの消化管内容物の成分分析結果とを比較，検証した結果によると，腸内の有機物の半分あまりは耕作する海藻表面に付着する微細なデトリタスから検出され，彼らが摂取する有機物には海藻といっしょに食べるデトリタスに含まれるものが少なくないと推察されている．つまりスズメダイの仲間が農場管理のためにつくる「なわばり」は海藻の生育促進のみならず，同時に海藻の表面に付着するデトリタスなどの蓄積を増やす効果もあるというのである．

4-2　南極海と北極海の魚

南極海は約60°S以南，北極海は約65°N以北のともに寒い海で，夏と冬とで昼夜の時間が極端に違うなどの点では変わりはないが，生物相は大きく異なり，魚類相も例外ではない（図4-5）．

南極

南極海は南半球高緯度の太平洋，インド洋および大西洋とつながってはいるものの，約50〜60°Sに南極大陸を取り巻くように形成される南極収束線（南極極前線）付近の南極周極海流を境界にして，氷に閉ざされて淡水魚がいない大陸までの酷寒の海である．この海域には，北半球に分布する魚の同類もいるが，固有の魚が多く，その典型的な分類群がナンキョクカジカ亜目 Notothenioidei（スズキ目に属し，カサゴ目のカジカの仲間ではない）である．この仲間は南極周極海流に囲まれた閉鎖的な海域で進化した特異な分類群といわれ，冷たくて溶存酸素量の多い環境に適応してい

第4章　暖かい海と冷たい海

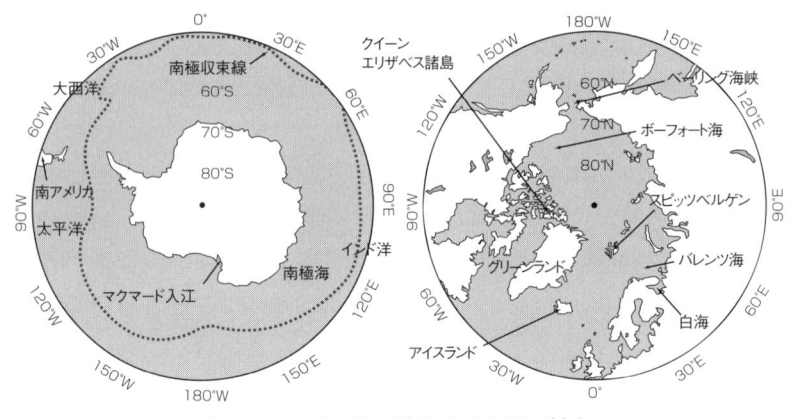

図4-5　南極海（左）と北極海（右）

る．たとえば，マクマード入江では年間の平均水温は-1.9℃，酸素飽和度は74〜105％で，これは20℃の海水に含まれる酸素量の約1.6倍に相当する．この特異な環境で強敵が少ないことも幸いして，ナンキョクカジカの仲間は急速に進化し，放散したといわれ，形態的にも生理生態的にも著しく多様化し，棲息場所も沿岸の潮間帯から水深2,000 mを超える海底まで広がっている．

　南極海の魚種の約35％がナンキョクカジカの仲間，約13％がハダカイワシの仲間，約11％がクサウオの仲間，約8％がゲンゲの仲間，8％足らずがタラの仲間で，これら5分類群で南極海の魚種の約75％に達する．大陸棚上の底棲魚類にしぼるとナンキョクカジカの仲間が45.5％，クサウオの仲間が31.5％，およびゲンゲの仲間が10.8％などで，これだけで実に87.8％を占め，南極海固有の魚類相を形成する．

北極

　北極海は氷が多い寒冷な海ではあるが，周囲はほとんど陸地に囲まれている．しかし，ベーリング海峡を通して北太平洋と，また大西洋側ではバレンツ海，グリーンランド海とつながっているので，北太平洋および北大西洋から入り込んだ魚種も多く，北極海固有の魚はあまり多くない．おも

な分類群をあげると，ゲンゲの仲間が約16％，タラの仲間とカジカの仲間がそれぞれ約11％，サケの仲間が約8％，カレイの仲間が約7％，サメ・エイの仲間が約6％などで，南極海のナンキョクカジカの仲間のような象徴的な分類群は棲息しない．また，ホッキョクイワナ（仮称）のように川と海の間を回遊する淡水魚がいる点でも南極海の魚類相と異なる．ホッキョクイワナは北半球で最も北に棲息する淡水魚といわれ，その分布域は北極を囲むように北アジア，北ヨーロッパ，北アメリカの北端海岸線から内陸部（ヨーロッパではアルプス地方の一部まで）に広がるばかりでなく，北極海の島々の淡水域にも棲息し，川や湖には陸封型もいる．回遊型魚群は北極海北部の島では夏の短期間海へ下り，秋には川へ遡上回遊をする．たとえば79°Nのスピッツベルゲン島の川や湖に棲息するホッキョクイワナの成魚は6月下旬に氷が解けると降海し，平均33.6日間過ごした後，秋が近づくと帰途につき，9月上旬には遡上回遊を終える．

両極海域の棲息環境

生物の棲息環境としては南極海も北極海も酷寒の海である．南極海は，海面に1年中，氷山や周年氷が広がり，水深30m以浅の南極大陸沿岸では海底まで氷が根を下ろし，年間の平均水温が$-1.87℃$で，1年を通して寒冷環境になっている．いっぽう北極海では水温は緯度によって違うが季節的に変化し，夏には海域によっては7～8℃に上昇し，冬には$-1.8℃$まで降下する．

一般に海水は塩分を含むのでその氷点は約$-2℃$といわれる．海棲真骨魚類の血清の氷点は約-0.7～$-0.8℃$であるから，両海域の魚は年中，あるいは1年の大半を凍死の危険にさらされて生きていることになる．

凍らない魚

両海域に棲息する魚の多くは酷寒の海で生き抜くために，体内で不凍性糖タンパク質あるいは不凍性タンパク質を産生して血液の氷点を下げて凍死の危険を回避している．たとえば南極海に棲息するナンキョクカジカの仲間の血液の氷点は種類によって多少異なるが，-2.19～$-2.61℃$であるという．また，北半球では，ラブラドル海からアメリカ北東部沿岸海域に

かけて分布するツノガレイの仲間も不凍性タンパク質を産生するが，この物質は水温が上昇して夜が短い夏には消失し，夜長になって水温が低下し，冬が近づくと血液中に出現することがわかっている．また，北極海の69°N付近のグリーンランド西部ディスコ湾海域で夏に採集した真骨魚類21種類について不凍性タンパク質の存否を調べた結果によると，魚種や棲息深度によって違いがあり，不凍性タンパク質は11種類では保有されているが，10種類では消失しているか，残っていてもごくわずかであったという．

ナンキョクカジカの仲間の不凍性糖タンパク質の遺伝子は膵臓のトリプシノゲン遺伝子から進化したといわれる．ライギョダマシ，キバゴチなどについて行われた研究によると，不凍性糖タンパク質は主として膵臓の外分泌細胞で産生され，まず膵管を通して腸内へ放出されて腸内溶液の凍結を防ぐ．そして分解されることなく再吸収されて血管系に入り血液の氷点を下げるはたらきをするようで，肝臓には不凍性糖タンパク質を産生する細胞は見当たらないという．また，キバゴチではこの不凍性糖タンパク質は孵化後わずか1日の子魚の膵臓には検出されるが，肝臓には検出されないことも明らかにされている．

4–2–1　コオリウオ

南極海で多様に分化したナンキョクカジカ亜目の魚の中で，とくに特異な特徴で知られる分類群といえば，やはり16種類（ただ1種類ワニクチだけはパタゴニア海域に棲息する）が属するコオリウオ科の魚であろう．彼らの血液中には酸素運搬役のヘモグロビンがなく，したがって赤血球も退化したものがごくわずかしか存在しない．さらに少なくともキタノコオリウオなど6種類には心筋細胞内の酸素結合タンパク質ミオグロビンもないのである．そのため鰓はもちろん，肝臓も，腎臓も，血管も血の気がなく，血液は透明である．加えて心筋にミオグロビンもない種類では心臓は黄白色を呈する．

生態

　この仲間は稚魚期には浮遊生活をしても，多くの種類は成長すると底棲生活へ移行する．しかし，鉛直回遊をする種類もいて，たとえば昼間400～800 m の海底近くにいるカラスコオリウオは夜間には100 m 以浅の表層に浮上してオキアミを摂食する．

　コオリウオの仲間の多くは底棲性で主として大陸棚に棲息する．スイショウウオは通常水深約450 m 以浅に出現するが，770 m 深で採集された記録もある．この魚，生後5年で雌雄はそれぞれ全長52 cm，44 cm に成長する．産卵場は比較的浅く，水深141～148 m で海底に巣を作って産卵する．高緯度海域の別のコオリウオの仲間の棲息深度はさらに深く，アシナガコオリウオなどは600～1,600 m に出現する．またフカミコオリウオは水深2,012 m から採集されている．

血が赤くない魚

　すでに述べたように南極海は周年水温がきわめて低く，溶存酸素量が豊富で酸欠の恐れはまずない．また低水温のため血液の粘性は低い．その影響かどうかは明らかでないが，コオリウオの仲間はヘモグロビンの放棄という脊椎動物では類のない進化を成し遂げた分類群である．これは一種の退化的進化であると説明されている．

　この特異な生理機能の変化に適応したといわれる変化がコオリウオの仲間の体内のあちこちに起こっている．なかでも呼吸・循環系には一般の真骨魚類と比較して大きく異なる点が多い．

　ヘモグロビンがないコオリウオの仲間の血液の酸素運搬能力はヘモグロビンをもつナンキョクカジカの仲間と比較するとわずか1／10といわれる．したがって体内諸器官に必要な酸素を供給するために，この仲間には，心筋，とくに心室壁の肥厚，血管（毛細血管を含む）の拡張，鰓の効率的換水機構，皮膚呼吸に関連した皮膚の血管網の拡大，心臓の血液拍出量の増大，血液量の増加，低粘性による血液の流速の向上など，血管系や呼吸器官の形態およびその生理的機能などに特色がある．

　ヘモグロビンがなくてもこの仲間の全血液量は多く，一般真骨魚類の2

第 4 章　暖かい海と冷たい海

図 4-6　血が赤くないスイショウウオ（岩見哲夫さん提供）

〜4 倍あり，血液中には酸素が十分に含まれる．心拍数と血圧の値は低いが，拍出量は格段に多い．これを裏打ちするように他のヘモグロビンをもつナンキョクカジカの仲間と比較して心室の大きさは約 3 倍あり，心臓球，腹部大動脈，鰓動脈，毛細血管の断面の直径は大きい．たとえばスイショウウオ（図 4-6）の体側筋の毛細血管断面の直径の平均値は 64 μm で，一般真骨魚類の 2〜3 倍の太さで，血流が滞らないようにはたらく．同じナンキョクカジカの仲間でも，眼の網膜に枝分かれして分布する毛細血管の太さと分布密度を，ヘモグロビンのないスイショウウオなどと，ヘモグロビンがあるダルマノトなどと比較すると，前者の毛細血管が太くて高密度に分布するという報告もある．

　呼吸器にも特色があり，スイショウウオは底棲定着型の魚でありながらガス交換の場となる二次鰓弁の鰓面積値は遊泳魚並に大きく，二次鰓弁間の間隔は相対的に広く，呼吸水の効率的な換水を可能にする．さらに鰓呼吸以外にも，頭部を除いた体後部の表面では少なくとも総呼吸量の 2.9〜8% 相当の皮膚呼吸量が測定されている．

4-2-2　ホッキョクダラ

　まずホッキョクダラ（仮称）の英名についてお断りしておく．ヨーロッパ各国ではホッキョクダラを意味する arctic cod は通常 *Arctogadus glacialis* を指し，*Boreogadus saida* は polar cod とよばれるが，ここではア

メリカ水産学会魚名委員会の出版物に従って後者を arctic cod ホッキョクダラとよぶことにする．

広大な分布域

　ホッキョクダラは平均全長が約 25 cm，最大約 40 cm で，北極海に棲息するタラの仲間のうちでは大型魚とはいえないが，分布域は最も広く，グリーンランド，アイスランド周辺はもちろん，ロシアから，アラスカ，カナダにかけて北極海側沿海，ベーリング海北端から北は 89° N の北極点近くまで広がり，鉛直方向には沿岸の汽水湖から沖合いの水深約 1,390 m の深海に及ぶ．また水深 10～50 cm の浮氷の中に水平方向へ楔状に切れ込む穴に入ってクマやアザラシのような捕食者から身を隠す魚群も知られている（図 4-7）．巨大な群れをつくる行動も記録されていて，カナダ北方のクイーンエリザベス諸島のコーンウォリス島，デボン島近海に出現する

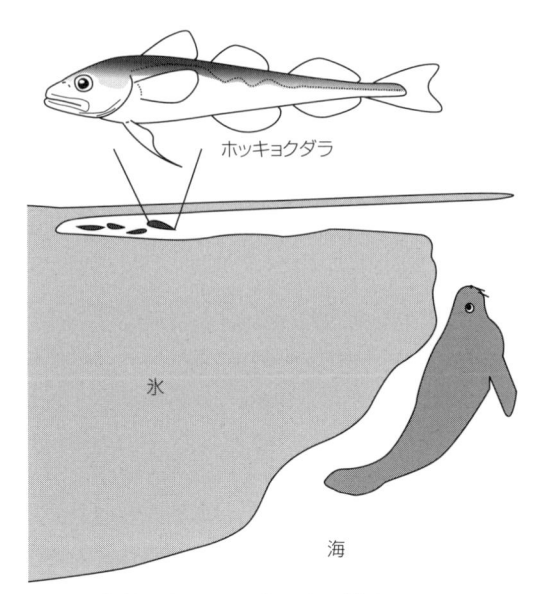

図 4-7　楔状に切れ込む氷の穴に潜むホッキョクダラ
（Gradinger and Bluhm，2004 を改変）

全長約20 cm足らずのホッキョクダラの1魚群の平均密度は91匹／m³, 別の魚群の平均密度はさらに大きく307匹／m³と推定されている.

　広大な分布域を誇るホッキョクダラは水温および塩分の変動に対する順化性が強い. 氷中の避難所でも生存できるこのタラもまた不凍性糖タンパク質を産生して身を守り, 氷点下の海中でも凍死することはない. 興味深いことにこの不凍性糖タンパク質は系統分類上でも, また地理的にも遠く離れたナンキョクカジカの仲間の不凍性糖タンパク質と同類であって, それぞれが独自に獲得して進化したと推察されている. とくにホッキョクダラは南極海の魚が苦手とする高温にも順化でき, 適温は0〜6℃であるが, −1.8〜13.5℃の範囲の水温変化に順化できる.

摂食・被食

　ホッキョクダラのおもな食物はアミ類, 小型甲殻類, コペポーダなどであるが, 時には共食いもする. 腸管内液には不凍性糖タンパク質が含まれるので低温下でも消化機能に支障はない. しかし低温が影響して消化時間は比較的長く, カナダ北方のコーンウォリス島リゾリュート付近のホッキョクダラについて, 水温−1.4℃と−0.5℃の水槽中で飼育し, 胃内の食物の50%が通過する時間を調べたところ, 平均51時間を要し, 他の魚と比較して長いことが明らかになったという. 低温, 低消化速度はこのタラの食物摂取量の減少, 成長速度の遅滞, ひいては極限体長の短縮につながり, ホッキョクダラがタラの仲間では小柄なことの理由の一つになっている. これらの理由に加えて標準代謝量の影響も考えられるが, 必ずしもそれは当たらないという研究結果がある. たしかに寒帯の魚は温帯の魚と比較して標準代謝量が2〜4倍といわれるが, グリーンランド沿海のホッキョクダラの標準代謝量は温帯魚と比較して26%増に過ぎないというのである.

　ところで食物関係では, 生物量が乏しい酷寒の海域であるだけにホッキョクダラを狙う外敵は多く, 大型哺乳類や鳥類の格好の標的になる. ボーフォート海に面するカナダ北岸のバサースト岬付近で行われた研究によると, 小型魚は長夜の時期には明暗の周期に同調して鉛直回遊をし, 夜間に

は水深90〜150 mまで浮上するが，白夜になるとこの回遊は停止するという．しかし大型魚は終日180 m以深にとどまるといい，このような行動はおそらく大型魚を狙って潜水してくるフイリアザラシ成獣の襲撃を避けるためと指摘されている．

氷の下に産卵

　ホッキョクダラの産卵期は寒い時期にあり，低水温が発生に及ぼす影響が懸念される．彼らはボーフォート海では11月下旬〜2月上旬，ロシアの白海では12月末〜2月に，沿岸海域の氷の下に産卵する．酷寒の海中で孵化した子魚の生残率は低い．氷が多いグリーンランド沿海では，水温 -1.7〜-1.0℃の時期に孵化した春群は孵化後10日間にほとんどが死亡し，氷が減少し，水温1.5〜3.5℃になって孵化した夏群の死亡率は比較的低くなるという．氷の割れ目に入っても凍死しない魚であるとはいえ，種族維持のためには相当の犠牲を惜しまないホッキョクダラのたくましい生き様である．

第5章
淡水域

　河川湖沼が淡水域である．といっても，極地から熱帯まで，氷河が残る高山の小川から海につながる河口まで，等々と，地球上の淡水生物の棲息環境は千差万別で，淡水魚の生活様式もまたさまざまである．量的な比較はさておき，種類数では，淡水魚は約13,000種類で魚類総種類の約45%を占めるといわれる．これに汽水域に出現する種類まで加えると約15,000種類になるといわれる．淡水魚が棲息する淡水域の表面積は地球の表面積のわずか1%に過ぎないというから，淡水魚の種分化が多岐にわたることは十分理解できる．

　その淡水魚の大半はコイの仲間，ナマズの仲間，カラシンの仲間，カダヤシの仲間，および爆発的種分化に成功したカワスズメの仲間などが占める．最も多くの種類が分布するところは熱帯地方で，高緯度地方になるにしたがって種類数は少なくなる．

　南半球の3大陸には古生代の面影を残すハイギョの仲間が粘り強く生きている．

5-1　サケの仲間

母川回帰

　北太平洋のサケの仲間は稚魚期あるいは若魚期に海へ下ってプランクトンを中心に豊富な餌を存分に摂食して成長し，1年～数年後には種族維持のために海から生まれ故郷の川（母川）へ帰り，一連の産卵行動が終わる

と雌も雄も一生を終える．

　話がサケの母川回帰のことになると，決まって彼らの優れた嗅覚が取り上げられる．北太平洋の海洋生活に区切りをつけると，サケの仲間はアジア側あるいはアメリカ側の生まれ故郷へ向かって帰途につき，秘奥の羅針盤を使って産卵場がある母川の入口まで到着すると，産卵場の水のにおいを道標にして，川を遡上するという物語は有名である．彼らは，海へ下る時に脳に刷り込まれた故郷の水のにおいをたどって川を上り，目的の産卵場の位置を探し出すと説明されている．サケの鼻の神経を生まれ故郷の水で刺激すると，これに敏感に応答する脳波が誘発されることがわかってこの仮説は世に認められ，一躍有名になった．ただ，この行動には産卵場の水のにおいだけではなく，もっと複雑な要素がからんでいるという説も提起されている．母川の周囲の土壌や植生の特殊なにおいとか，上流にいる仲間のにおい，すなわち，ある種のフェロモンを含む水が道標になるという説など，多数の研究結果が発表されている．成熟したサケの仲間が広い海を回遊して各自の母川の河口までたどり着くまでの定位方法には諸説があって私にはよくわからないが，多くの実験結果を見る限り，母川の河口まで戻ると，母川の水に溶けている微量の嗅覚刺激物質をかぎ分けることはたしかなようである．

天敵のにおい

　母川の水のにおいといっても，多くの物質のにおいが入り混じっている．魚が食物を探す時，アミノ酸が嗅覚を通して摂食行動を刺激することはたしかである．しかし，魚の忌避物質としてはたらくアミノ酸もあるといわれる．セリンである．このアミノ酸はサケの仲間にとって天敵といわれるクマやアシカなどのような哺乳類の皮膚に含まれ，サケは水中に溶出したセリンをいち早く嗅覚によって感知して捕食者の接近を知り，避難できるというのである．実際に捕食者の皮膚を洗った水を川へ流したところ，下流の魚道を遡上中のギンザケやマスノスケはこれを敏感にかぎつけて遡上行動をしばらく停止したというカナダで行われた研究結果は，一時期，研究者の間で話題となった．私たちが手を洗った水に対してもサケ

仲間は同様の忌避反応を示し，その有効成分はセリンであるという報告もある．しかし，哺乳類の皮膚から溶出するアミノ酸はセリン以外にも，濃度によっては忌避物質となるアラニンなどもある．

クマのサケ狩り

　川の上流にある産卵場へ向かって飲まず食わずで，群れをなして川を遡上する紅色の婚姻色に染まったベニザケがあえなくクマの手にかかる映像をテレビでよく見かける．アラスカ南西部の13河川の流域で10年以上にわたって行われた調査では，遡上中のベニザケがクマの犠牲になる数はその群れの大きさに左右され，群れの密度が比較的高くて1ヘクタール当たり約7,500匹の川では1年に2,450匹がヒグマの犠牲になり，ある川では1日におよそ100〜130匹のベニザケが捕食されるという結果が得られている．また，アラスカ南東部，カナダ寄りの川では体重200 kgのヒグマが8時間に捕らえたサケは40匹以上，重さにして143 kg以上であったという調査報告もある．

　さらに昼夜を通してヒグマのサケ狩り行動を調べた結果によると，カナダのブリティッシュコロンビア州南部では，狩りをする時間は昼間がやや長いが，サケ捕獲の成功率は夜間が36％，昼間が20％，薄明時が20％，1時間の平均捕獲数は昼間が2.1匹，薄明時が4.3匹，夜間が8.3匹，とサケの逃避行動が鈍くなる暗い時間帯に高く，ヒグマは私たちの目の届かない時間帯に結構サケを捕獲していることがわかる．ブリティッシュコロンビア州北部の島で行われたアメリカクロクマのサケ狩りの調査でも，捕獲活動が盛んな時刻は，サケの遡上初期には昼間であるが，遡上盛期になると薄明時と夜間に変わるという結果が得られ，昼間は主として視覚によって，薄明時と夜間は聴覚によってサケの産卵群の動きを把握するのであろうと結論されている．これではクマの皮膚から溶出するセリンが捕食者の襲来をサケに知らせる警報になるといわれても疑いたくなるが，一世一代の種族維持の目的達成のためには，捕食者の存在は彼らの眼中にないのかもしれない．

第5章　淡水域

サケ→クマ→森

　かつてクマは産卵のためにひたすら泳ぐサケを待ち伏せし，遠慮なく捕まえてしまうので害獣扱いにされていたが，近年，その悪役を演じたクマの存在価値が見直されるようになった．遡上してきたサケを捕食する動物はクマのほかにもカワウソやオオカミなどがいるが，クマが捕獲する数にはとても及ばない．クマは捕獲したサケを川岸あるいはその近くの森に運んで食べるが，食べ残しが多い（図5-1）．その結果，クマはサケが海洋生活中に身につけた体成分，すなわち海の栄養素を陸揚げして森を豊かにするという説が浮上したのである．アラスカでクマが捕らえたサケの死骸を調べた結果では，彼らが近くの森へ運んだ後の摂食状態は，サケの遡上数によって異なり，サケが多い時には捕獲した量の約25％で，獲物が雌サケであれば卵を含む脂質含量の多い部分，雄であれば脳や頭部を中心に食べて残りは放置するらしい．しかも，産卵後にぼろぼろに衰弱したサケは森へ運んでも口をつけずに放置する．アラスカのクマは南東部では捕らえたカラフトマスとサケの49％，南西部では捕らえたベニザケの42.6〜68.1％を森へ運ぶという報告もある．

　陸地でクマが食べ残したサケの死骸は他の動物にとっては降って湧いた

図5-1　クマのサケ狩り（斜里町立知床博物館提供）

ような食物である．クマによって川から陸地へ運ばれたサケの死骸はミンク，テン，鳥など，多くの動物に食べられ，昆虫まで含めると数知れない動物がサケの恩恵に浴するといわれる．ブリティッシュコロンビア州で陸上に置かれたサケの死骸に集まった陸上無脊椎動物を調べた結果では，双翅類や甲虫類などのような昆虫を含めて60種以上に上ることが明らかになっている．このような過程を経て最終的には微生物の分解作用が加わって，サケが運んできた窒素やリンは森の土壌の肥やしになるので，サケが遡上する川の周辺ではクマが植物の生物生産の一翼を担うことは明らかである．つまり海の栄養素で育ったサケがそれを背負って川へ遡上し，クマに捕らえられ，多くの動物や微生物に利用されて土に帰り，その結果，森が豊かになるという図式が成立するのである．

サケが育む森

アラスカ北部のサケが産卵する川の周辺で，サケ由来の窒素の分布状態を調べた結果では，周辺の樹木の窒素の24～26％がサケ由来であることが明らかにされている．しかし，窒素固定微生物が共生しているハンの木ではサケ由来の窒素は1％に過ぎなかったという研究結果もある．この地方では「川のほとりの豊かな森を支える窒素源はサケとハンの木である」とさえいわれている．

もちろん，サケの体はすべて陸上の動物や植物だけに利用されるのではなく，サケが遡上する川に棲息する水生昆虫をはじめとする多数の動物や藻類などにとっても貴重な栄養源となる．

日本のサケ

日本の川へ遡上するサケと周辺の植生との関係も気になるところである．北海道の網走管内の川に遡上したサケの死骸の分解過程を追跡した研究によると，サケは川の中ではカゲロウの仲間やカワゲラの仲間などに利用されるが，陸上では大型哺乳類や鳥類には食われても，その成分が河畔の植生によい影響を及ぼすことはほとんどないという．この辺りの河畔の土壌は栄養塩に富み，氷河の侵食を受けた貧栄養地域の森で行われた北アメリカの研究結果と異なる結果になったのであろうと推論されている．

5-2　コイ

　コイは古くから私たちの生活に溶け込んできた淡水魚で，文学や絵画にも時代を問わず頻繁に登場する．「稲田養鯉」の名が物語るように，かつてコイは淡水養魚の象徴的な魚として重視された時代があったが，最近では高価な観賞用の錦鯉に人気が集まるようになった．しかし，川魚料理を看板に掲げる料亭では，コイは現在でも「お品書き」に欠かせない魚である．

　古くから私たちの身近な存在であったコイは格好の研究材料にもなり，生物学的な研究成果は多数あるが，ここではコイの食生活の一部分に目を向けるにとどめる．

摂食と消化

　コイには摂食と消化にかかわる三つの大きな特徴がある．第一は食物の摂取と選別には味覚が重要な役割を果たすこと，第二は顎歯が退化している代わりに，食物のすり潰しに適した咽頭歯が発達すること，第三は胃がなく，長い腸で消化・吸収が効果的に行われることである．

　コイの味覚を左右する味蕾の分布域は広く，口内はもちろん，体表にも広がる．口角には左右1対，その上方に1対，計4本の味蕾付きの口ひげがある．唇，口腔，咽頭，と食物の通路に面する上皮中の味蕾の分布密度を計測した結果によると，味蕾は唇では約360個／mm^2と比較的多く，口腔から咽頭にかけては床部には少なく，天井部に多い傾向があり，咽頭部天井に発達する口蓋器官の表面には高密度に分布し，最も多い場所では820個／mm^2となっている（図5-2 A，B）．

　コイの味覚といえば，口蓋器官を支配する神経繊維の味物質に対する応答を電気生理学的に解明した草分け的な研究がある．その研究ではコイは甘味，塩味，酸味，苦味のいわゆる4基本味に対する感受性があることを確かめたうえで，棲息環境によって味感受性が違うことも明らかにされた．すなわち，スウェーデンと日本のコイの口蓋器官に入る神経の応答を比較したところ，味感受性はスウェーデンのコイでは甘味，酸味に対して

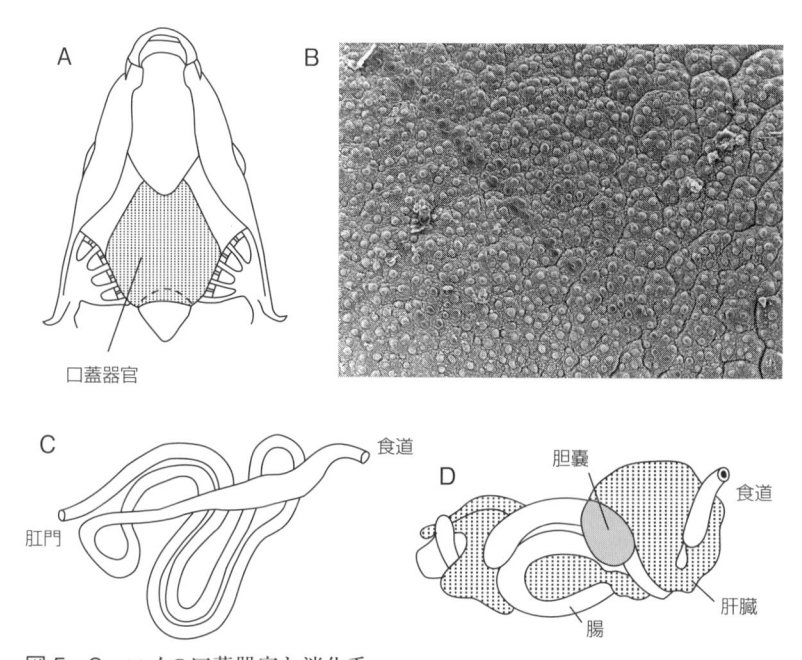

図5-2 コイの口蓋器官と消化系
A：口腔・咽頭の天井部, B：口蓋器官に分布する無数の味蕾, C：腸管（Klust, 1941）, D：不定形の肝臓と胆嚢の位置（Amlacher, 1954）.

高く，苦味に対して低いが，日本のコイでは酸味に続いて苦味に対して高く，甘味に対して最も低かったという．同時にコイの口蓋器官の味感受性はヒトの唾液，ミミズの抽出液，ミルクに対して高く，さらに日本のコイでは蚕の蛹の抽出液に対しても高いという結果が発表されている．その後，この領域の研究は飛躍的発展を遂げ，コイをはじめ多くの魚が4基本味のほかに各種アミノ酸などを味として感じることがつぎつぎに明らかになり，コイでもプロリン，アラニン，システイン，ベタインなどに対する味感受性が確認されている．

　コイは雑食性といわれ，野生のコイの消化管の内容物には藻類，コペポーダの外殻の残骸，小型貝類の破片，水底のデトリタスなどが混在する．

第 5 章　淡水域

　これらを口内に吸い込んだコイは無造作に食道へのみ込むのではなく，まず食物の味の吟味と咀嚼をする．味覚による選別は主として口蓋器官で行い，非食用物は口腔を圧縮して口内の水を逆流させて口から吐き出す．小さい砂利などは咽頭底に沈み鰓孔から体外へ排出される．選別された食物は咽頭顎へ送られる．

　両顎に歯がないコイには下咽頭歯が発達し，コイ科魚類特有の咽頭顎が形成される（ノート 8：47 頁）．咽頭歯は臼歯状で左右対をなし，弓状の骨の内側に 3 列に並ぶ．顎を素通りして吸い込まれ，味覚で選別済みの食物は，ここで咽頭歯と，頭蓋骨腹面にある角質の咀嚼台との共同作業によって，固形物であれば細かく砕かれ，柔軟な組織であればすり潰される．また硬い繊維質組織は小さく切り裂かれる．こうして一連の処理を経て食物は食道へのみ込まれる．

　食道は短く，胃がないので直接長い腸につながる．成魚の消化管（ほとんどが腸管）は長くて食道始部から肛門までの直線距離の約 4 倍あり，腸の前端は多少膨らむ（図 5-2 C）．胃がないので胃腺はないが，胃液分泌にかかわるといわれるガストリン分泌細胞はコイの腸管上皮にも存在することが明らかにされている．また，コイの食道部からアミラーゼ，マルターゼなどが検出され，腸の前部と同程度の活性が測定されている．コイの食道上皮には他の真骨魚類と同様に多数の粘液細胞が層をなして並ぶが，ここから消化酵素が分泌されるかどうかは明らかでない．

コイ料理と胆汁

　コイ料理では「苦玉」の処理が重要な作業となる．コイを調理する板前さんは「苦玉」を慎重に扱うことを鉄則にしている．「苦玉」とは胆嚢のことで，うっかりしてこれを潰すと中から胆汁がこぼれ出て，強烈な苦味が魚肉に移ってせっかくの料理が台なしになるからである．料理に使うコイは，泥臭さを抜くために，池や小川で，しばらくの間，餌を与えないで蓄養されることが多い．空腹状態のコイの胆嚢には濃縮された胆汁が溜まっているので，板前さんは内臓の処理に細心の注意を払うことになる．（胆汁の分泌機構はノート 10：60 頁）

俎上のコイを開腹すると，腹腔内の大半を占める不定形の肝臓と，その中を曲がりくねって走る腸管ばかりが目について，肝臓に付着している胆嚢の所在はわかりにくい（図5-2D）．この不定形に見える肝臓は右側主葉，左側主葉，腹葉，および尾葉の4葉からなり，右側主葉の前部に卵形の胆嚢が付着し，総胆管は腸管前部に開口する．問題の胆汁は，コイが摂食を続けている時には胆汁に含まれるビリルビンの比率が高くて黄緑色を呈するが，蓄養期間が長引いて絶食状態が続くと胆嚢に蓄積された胆汁に含まれるビリベルジンの比率が高くなって緑色がかってきて，苦味も増すのである．

胆汁の通路は，また，肝臓で処理された毒物や環境汚染物質などの排出通路にもなる．かつて大きな社会問題となったPCB汚染は魚にも多大の被害を与えた．魚の体内に取り込まれたPCBの挙動を調べる目的で，^{14}Cで標識したPCBをコイに経口投与と，環境水からの直接吸収の二通りの方法によって体内に取り込ませ，PCBの挙動を全身オートラジオグラフ法で追跡した研究がある．脂溶性物質であるPCBはコイの体内に入ると多くは脂肪組織などに蓄積される．同時に血液とともに肝臓内へ運ばれたPCBは廃棄物として処理され，胆汁とともに胆嚢，総胆管を経て腸へ放出されて不消化物とともに体外へ排出される．しかし，その一部は腸管上皮で再び吸収されて体内に残留することが明らかにされている．

5-3　ナマズ

ナマズの仲間はナマズ目に属し，コイ目の魚とともに淡水魚の代表的な魚で，3,400種類以上が記録されていて，ゴンズイなど，一部の海水魚を除き，ほとんどが全世界の淡水域に分布する．そのうち1,700種類以上が南アメリカに棲息し，毎年，新種の報告が続いている．大きさも，形態も，生活様式もいろいろで，多種多様の魚種を包含する分類群である．

5-3-1 ナマズと電気

　大地震が発生するとナマズがよく話題になる．そしてナマズが地震の予言者か否かについて議論が始まる．歴史に残る安政の大地震（1855年）が起こる前に川で多数のナマズが騒いだ，と『安政見聞誌』に記されている話は有名であるが，ほかにも「地震の前にはナマズが暴れる」という類いの言い伝えは数多くある．ナマズは体表に多数の電気受容器を備え，電気に敏感なことが明らかになったこともあって，この種の伝説に耳を貸す人も多くなった．

電気感覚

　ナマズの電気感覚についてはアメリカナマズの仲間を使って詳しい研究が行われている．この仲間の成魚は種類によって大きさが多少違うが，体長約20～50 cmで，体表には無数の微小な電気受容器が分布し，とくに頭部に濃密に分布する．発電器をもたないアメリカナマズの仲間は，これらの電気受容器によって自身の生体電気で生じる身の回りの電場だけでなく，獲物探しの際には標的となる動物の周囲に形成される電場も特定できることを実証した研究がある．

　水槽の底に敷いた砂の深さ3 mmの位置に埋めた円筒状の細菌ろ過シリンダーに砂を満たした時にはナマズは何事もなくその上を泳ぎ去るが，シリンダーに水を満たした時にはその上を通過する自身の電場が電導度の違いによってゆがむので，そこでいったん停止をしてシリンダーを掘り出すことが明らかにされている．つまり，彼らは泳ぎながら自身の周囲に生じる電場を感受できるというのである．

　またアメリカナマズを二つの実験群に分け，両群の摂食行動を比較した研究がある．餌として片方には生きたアフリカツメガエルのオタマジャクシを，他方には牛肉片を与えて1週間ほど水槽内で馴らした後，オタマジャクシそっくりのプラスチック製のダミーを水槽内に入れて実験魚の反応を観察した．すると牛肉片に慣れた群はもちろん，オタマジャクシに慣れた群も食欲を示さなかった．そこでダミーに電極をつけ，磁気テープに記録したオタマジャクシの微弱な生体電気によって生じる電場を再生したと

ころ，後者は偽造電場にだまされてダミーに食いついたり，つついたりしたが，前者はほとんどが反応を示さなかったというのである．

味覚・側線感覚

　アメリカナマズの仲間の食物探しには電気感覚だけではなく，体表，とりわけ，ひげに分布する味蕾による味覚が深く関与することもよく知られている．彼らの口の周辺には背側と腹側にそれぞれ4本ずつ，計8本の味蕾をちりばめた口ひげがある．暗黒状態の水槽内に細いパイプを通してブタの肝臓の抽出液などのような味覚刺激物質を静かに流すと，彼らは視覚と嗅覚を遮断されていても，上唇の1対の長いひげをアンテナのように立てて水面まで伸ばし，刺激物質の濃度差を追ってその流出源を探り当てる．

　アメリカナマズの味蕾の発生時期は早く，孵化前の胚の口内から始まり，口の周辺やひげ，頭部から尾部，鰭の表面へと広がり，孵化して1週間後の子魚が摂食を始める時には皮膚味蕾は体表のほぼ全域に分布している．

　また，暗黒状態の水槽内で，逃走するグッピーが残す航跡を追跡するヨーロッパのナマズの行動研究では，体表の味覚を支配する神経を切断してもナマズのグッピー追跡行動と捕捉に大きな影響はないが，側線を切断するとグッピーを攻撃する頻度と捕食が著しく阻害されるとして，ナマズの獲物追跡には側線感覚も重要な役割を果たすという結果が得られている．

　このようにナマズの摂食行動にはその場の状況によって順位に多少の違いはあっても，電気感覚，化学感覚，側線感覚，および視覚などが総合的に活用されることはたしかである．

日本のナマズ

　日本のナマズはどうなのか．日本にはナマズ，ビワコオオナマズ，およびイワトコナマズの3種類のナマズが知られているが，後2種類は琵琶湖に棲息する固有種で，ナマズだけが現在日本全域から中国東部，朝鮮半島などの淡水域に棲息する．成魚は体長約60 cmに達し，口の背側と腹側にそれぞれ2本ずつ，計4本の口ひげを備える．食性は動物食性で，魚，甲殻類，カエルなどを貪欲に捕食する．

第5章 淡水域

　日本のナマズでも小孔器が体表一面，とくに頭部背側と吻端に濃密に分布し（図5-3），これらが電気受容器として機能することは電気生理学的に証明されているし，また，つぎのような行動の研究でも確かめられている．まず，暗黒状態の水槽内で，餌として投与される生きたキンギョやタナゴを捕らえることが明らかにされ，この場合，正常ナマズと盲目手術を施したナマズとで摂食行動に有意な差はない．つぎは昼間の実験で，盲目手術を施したナマズはペレット飼料を投与されると，ひげを動かして探しても飼料に触れるか，近くを通らないと探し出せない．しかし投与するキンギョとタナゴに盲目手術を施し，すばやく逃避できないようにして入れると，ナマズはそのにおいを追って追跡し，5 cm以内の距離に接近すると標的に方向を定めて1 cmの距離に近づき，一瞬停止した後，すばやくこれをのみ込む．さらに，1 cm^{3}のコイの肉片を2個用意し，片方の肉片には電極をつけ，タナゴの生体電気によって生じる電場を磁気テープに記録して電極を通して偽造電場をつくると，ナマズがこの肉片を選ぶ回数

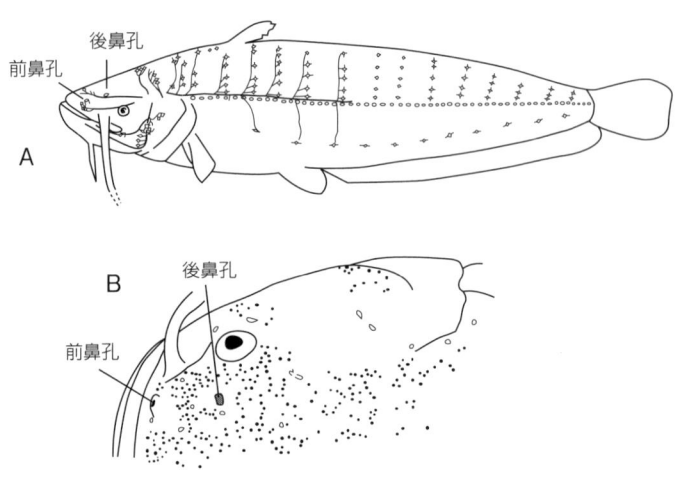

図5-3　A：日本のナマズの側線と大孔器の分布図
　　　　B：同頭部の小孔器（電気受容器）の分布図
Sato, 1955 ; 1956を改変.

は，電極をつけない肉片と比較して明らかに多くなる．

　ナマズの食物探索行動や捕食者からの逃避行動にはあらゆる感覚がかかわることはわかっているが，夜行性の彼らにとっては視覚以外の各感覚，とりわけ電気感覚の役割は大きい．また昼間でも濁って見通しがきかない水中でもナマズは同様の感覚網を使って行動するのであろう．

　ところで，肝心のナマズの地震予知能力であるが，ナマズの優れた電気感覚と地震発生前の電気現象との関係は本格的に研究されているが，残念ながらまだよくわからない．

ノート 14　魚の電気感覚

　電気なしでは現代の私たちの生活は成り立たないといわれるが，魚の世界でも，かなり多くの魚が思わぬところで電気を活用している．魚の電気活用法は二通りあり，一つは体の筋肉の一部を発電器に改造して放電可能にしたことであり，もう一つは体表に多数の電気受容器を配備して，微弱な電気でも受容できるようにしたことである．

　発電できる魚は一般に電気受容器をセットで備え，放電によって摂食，護身，電気的定位，コミュニケーションなどに利用する．電気受容器のみを備える魚は食物探し，捕食者の探知などに利用する．

　電気受容器を備える動物は魚に限らず，両生類や哺乳類のカモノハシなど，多くの脊椎動物に広がるが，種類数では魚が圧倒的に多い．そしてその約2／3は，多数の種類を擁するナマズの仲間である．ほかにヤツメウナギ，サメ・エイの仲間，ギンザメの仲間，ハイギョ，シーラカンス，ヘラチョウザメ，モルミュルスなどを加えると，電気受容器を備える魚は 5,400 種類あまりになる．

強電気魚と弱電気魚

　発電魚は放電の強さによって強電気魚と弱電気魚に大別される（図5-4）．典型的な強電気魚は海水魚ではシビレエイの仲間，淡水魚では南アメリカのデンキウナギである．

　海岸で地曳網に入ったシビレエイに不用意に手を触れて肩までしびれたと話す人がいた．海の強電気魚シビレエイは後頭部近くに左右に対をなす貝柱に似た構造の発電器を備え，獲物を襲う時の発電出力は数十ボルト（V）といわれる．カリフォルニア南部近海の魚食性ヤマトシビレエイの仲間は夜になると積極的に泳ぎ回って獲物探しをする．獲物を見つけると近寄って放電すると同時に飛びついて，幅広い胸鰭を曲げて獲物を抱き込むようにして口へ運ぶ．大西洋の底棲動物食性タイワンシビレエイの仲間には主発電器の後端に小型副発電器が付属していて，前者は主として捕食者に対する防御用に，後者は主として

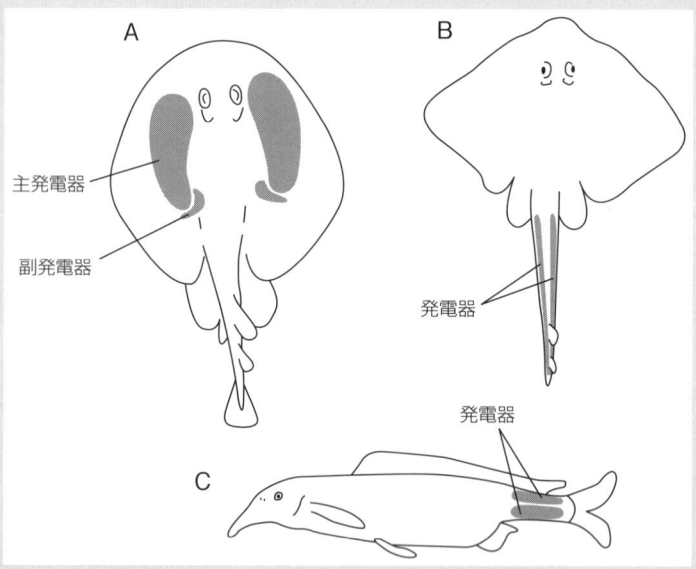

図5-4　発電魚
　　　　A：タイワンシビレエイの仲間（強電気魚），B：ガンギエイの仲間（弱電気魚），C：モルミュルスの仲間（弱電気魚）．

ノート14 魚の電気感覚

仲間とのコミュニケーション用に活用するといわれる.

現在知られている弱電気魚はガンギエイの仲間などを除くとほとんどが淡水魚といって差支えない. しかも，そのほとんどはアフリカと南アメリカの淡水域に棲息する. なかでもアフリカの濁った川に棲息し，ウナギ形の細長い体を曲げることなく，体の背縁を縁取る背鰭を波打たせて眼に見えない障害物を避けて前方にも後方にも器用に泳ぐという特徴ある行動をするギュムナルクスは弱電気魚研究のきっかけとなった魚である. また，これまでにアフリカに分布する約200種類に及ぶモルミュルスの仲間，南アメリカに分布する約150種類近くのギュムノートゥスの仲間（デンキウナギに近縁）など，多数の弱電気魚が知られるようになった. 彼らは発電器と電気受容器をセットで備えていて，微弱な電気を放ってレーダーとして自身の周囲の障害物の探知に活用したり，あるいは仲間とのコミュニケーションに利用したりする.

吻がゾウの鼻のように突出することで熱帯魚の愛好家の間でエレファントフィッシュあるいはエレファント・ノウズの名で親しまれているモルミュルスの仲間も弱電気魚で，電気を仲間とのコミュニケーション，摂食行動などに活用する. この仲間の発電器の形態は種類によって多少違うが，体側筋から変化した器官で尾柄にある. 彼らは絶えず微弱な放電を続け，魚体の周囲にはその種類固有の電場が形成される. ここに水と電気伝導度の異なる物体や生き物が入ると，電場の分布状態が変化し，これを体表に分布する多数の結節型とよばれる電気受容器で感知することができるのである. その感受性はきわめて高く，夜行性の彼らは暗闇のなかでも自身と物体との距離を正確に測ることができるという. また，仲間からの放電を感受することによってコミュニケーションにも利用する. アフリカのマラウィ湖で行われた野外研究によると，魚食性のモルミュルスは昼間には岩陰で休息し，夜になると2～10匹のグループをつくって狩りに出かける. 弱い放電を続け，岩の割れ目などで寝ているカワスズメの仲間を探り当てて襲うことがわかっている.

電気感覚と摂食行動

発電器はもたず，体表の電気受容器を駆使し，獲物の生物電気によって生じる微弱な電場を探りながら摂食行動をする魚は意外に多い. とくにサメ・エイ

の仲間やギンザメの仲間は優れた電気受容器を備えている．彼らの頭部（エイの仲間では平たい胸鰭の一部にもある）にはロレンチーニびんとよばれる微小なアンプル型の電気受容器が多数分布していて，動物の呼吸，心拍などによって生じる微弱な生体電気を敏感に感受することができる．

　ロレンチーニびんの存在は古くから知られていて，1678年にロレンチーニさんによって発見され，この受容器の名となった．その機能については，触覚，温度感覚，水圧感覚など，いくつかの仮説が提唱されたが，これが電気感覚器であることを実証した有名な研究がある．その研究は実験室内で始まる．水槽の底に敷き詰めた砂の中に食べなれているカレイを隠し，トラザメの行動を観察すると，泳ぎ回っているうちに約 15 cm の距離に近づくと電気受容器によって難なくこれを探し出すが，カレイを電気伝導度の低いプラスチックの箱に入れて埋めると，探り当てることができなくなる．また，砂の中に 1 対の電極を埋め込んで，カレイの呼吸運動などによって生じる生体電気に相当する微弱な電流を流して電場ができると，このサメは電極をカレイと間違えて掘り起こしに取りかかることが明らかにされたのである．

　この研究に続いて，実験室内の安定した環境とは違って，いろいろの自然現象によって発生する多くの電気ノイズが飛び交う海中でも，サメの獲物探しに電気感覚が通用することを確かめた研究結果がつぎつぎに発表されるようになった．北アメリカの大西洋沿岸海域では，底棲動物を好んで摂食するイヌホシザメの夜間の行動観察によって電気受容器の効果が確認されている．さらに沖合いでもヨシキリザメの仲間が同様の行動をして獲物の位置を突き止めることも観察されている．こうしてサメ・エイの仲間の優れた電気感覚は広く認められるようになった．しかし彼らは電気感覚だけを頼りに摂食行動をするのではなく，聴覚，嗅覚，もちろん昼間には視覚を加えて，これらの情報を総合して活用すると推察されている．

5-3-2 パナケ

　南アメリカ大陸には多種多様のナマズの仲間が棲息する．なかでもパナケという名のナマズは，魚の世界でも「蓼食う虫もすきずき」というたとえが通用するような魚である．パナケ *Panaque* という名はこのナマズが属する分類学上の属名で，この仲間は体表を硬い骨板状の鱗で固め，その姿は古生代の魚を思わせる（図5-5 A）．この異色の植物食性魚はアマゾン川上流域，オリノコ川流域，エクアドルのナポ川などの秘境を中心に分布し，13種類あまりが知られている．パナケはいつも水中に倒れた樹木をかじって食べているように見えるので，木食いナマズ wood-eating catfish の別名がある．数ある脊椎動物のなかで木そのものを食物とする動物はビーバーかカナダヤマアラシくらいで，魚が木を食べるという話はめったに聞かない．

木食いナマズ

　パナケがスプーン状に変形した独特の歯を使って水中の倒木をかじり取って食べることは地元でも有名で，漁師はパナケが木をかじる音を聞いてその所在を知るというから，察するにこの魚はよほど頑丈な歯と顎の持ち主に違いない．

　パナケの仲間の歯の基本構造は付着藻類を食べる近縁種の顎に櫛状に並

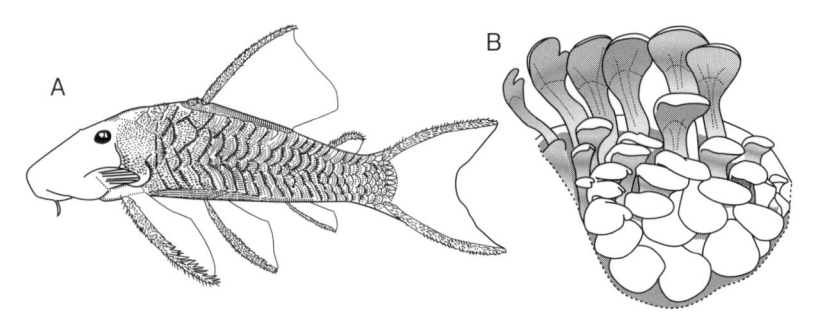

図5-5　A：パナケの仲間
　　　　B：パナケの下顎歯（Schaefer and Stewart, 1993を改変）

ぶ歯と同じであるが，体長5.5 cm以上に成長すると，歯は先端が幅広いスプーン型となる（図5-5 B）．こういう形をした頑丈な歯は硬い朽木をかじり取るのに適している．

　食性調査のために漁獲したパナケの消化管を切り開いて内容物を調べると，間違いなく多数の木屑が詰まっている．消化管内容物を調べた結果を紹介すると，木片が75％，無定形デトリタスが17％，珪藻が6％，藻類・堆積物が1％となっている．別の1種類では，木片が70％，無定形デトリタスが18％，珪藻が8％，藻類が2％，堆積物が2％で，木片が大半を占めることは事実のようである．

　多くの植物食性魚と同様に，腸が長いこともこの仲間の特徴で，その長さは自身の体長の10倍を超え，腹腔内に蚊取り線香のように渦巻状に納まる．しかし，その長さはデトリタス食性の近縁のナマズの腸と比較すると短いという．

　このナマズの腸管壁上皮の微細構造は食物の消化と吸収が腸の前部と中部で優先的に行われ，後部ではその能力が劣ることを示す．この事実は腸の前部から後部へ向かって消化酵素活性は低下し，炭水化物分解産物も減少する傾向と一致する．また，食物の消化管通過時間を測定するために，赤く染色した木の砕片を投与したところ，砕片は4時間以内に排出され，食物が腸管内に滞留する時間は比較的短いことがわかった．さらに木の砕片の主成分であるセルロースの消化率は33％以下で低いことも明らかになった．

本当はデトリタス食性？

　木片の消化には主成分のセルロースやキシランを分解する酵素セルラーゼやキシラナーゼが必要であるが，魚自身がこれらの酵素を産生することはできないので，腸内のセルロース分解細菌などのような微生物の助けを借りなければならない．しかし，パナケの腸管内液を分析した結果，藻類，デトリタス，珪藻などの分解にかかわる酵素の活性は高いが，肝心のセルラーゼとキシラナーゼの活性は低いことや，腸内の嫌気条件下で共生微生物のはたらきによって植物質が発酵して産生される短鎖脂肪酸濃度も

低いことなどがわかり，彼らは栄養素としての価値が比較的低い木片にはあまりこだわらず，むしろ栄養素として価値が高いデトリタスを分解して利用する可能性が大きいと推察されている．これらの研究結果から，パナケの仲間は木を食べる行動は目立つが，ビーバーやシロアリと違って，真の木食性とはいえず，デトリタス食性と解釈するのが適当という仮説が導かれている．

しかし，パナケの腸内容物の培養実験によって，セルロース分解にかかわる酵素を産生する好気性微生物が分離されていて，木片の消化にこれらの共生微生物が関与するという研究報告もある．この報告では，パナケを含む近縁のナマズの仲間は胃で空気呼吸をすることができるので，腸内に好気性微生物が共生する可能性は十分にあり，パナケは好気性微生物のはたらきを利用して木食性に進化したと主張されている．

いずれにしても，鬱蒼とした熱帯の森林地帯の水中では藻類などによる一次生産はあまり期待できない．そして，しばしば食物不足に陥り，多くの魚は絶食を余儀なくされる．このような水域に棲息するパナケの仲間は，たとえ消化がよくなくても手近の倒木を食べてエネルギー源にするという生き残り戦略を選んだとしても不自然ではない．

5-4 種子分散に貢献する魚（カラシンの仲間など）

果物好きの魚

珍しい食性によって植物の分布域拡張に貢献する魚がいる．果実や硬い殻に包まれた植物の実を好んで摂食する魚である．こういう魚は意外に多く，180種類以上に及ぶ．そのほとんどはカラシンの仲間（図5-6），ナマズの仲間，コイの仲間などに属する淡水魚で熱帯地方，なかでも南アメリカとアフリカに多く棲息する．もちろん植物の実や果実を食べて，消化しない種子を分散させる動物はほかにもいて，現在では鳥類と哺乳類は種子分散の立役者として魚よりよく知られている．しかし興味深いことに，古生代の石炭紀の低地，とくに湿地の地層から出土するスギに近縁のコル

第 5 章　淡水域

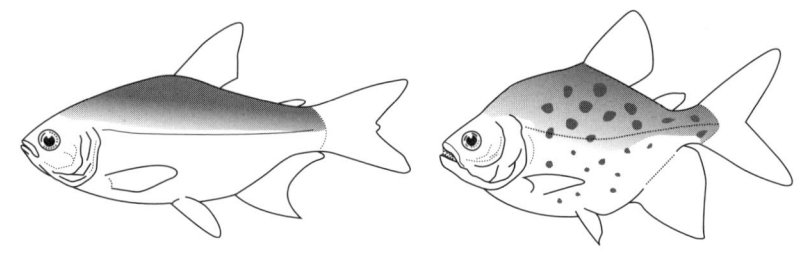

図 5-6　果実や種子を好んで食べるカラシンの仲間

ダボクの仲間（絶滅種）の種子の化石の分布状態を調べた結果では，これらの種子の分散にかかわった動物は魚で，おそらく彼らは植物種子の分散の手助けをした最初の脊椎動物であろうという説がある．
　植物が種子の分散を魚に託す利点は川の上流域や洪水によって生じる水域に分布域を広げることが可能な点にある．その典型的な例はブラジルのアマゾン川流域の熱帯雨林にある．雨季に氾濫した森林の水域に入り込んだ魚は大量の果実や種子を摂食し，消化管を通過した後でも発芽能力がある種子を排出し，広大な氾濫原にまき散らすのである．マナオス付近のアマゾン氾濫原の森林では年間 1 ヘクタール当たりの果実生産量は 9〜30 トンと推定され，魚を含む多くの動物によって消費される．果実食性のカラシンの仲間は果実が実った木々の下に集まったり，果実めがけて飛びついたりして，水面に落下した果実をすかさず摂食する．アマゾン川流域では 1 日に 20〜30 km を回遊したカラシンの仲間が記録されていて，彼らが植物種子の分散にある程度貢献していることは間違いない．
　魚に摂取された食物の種子は消化管を通過する間に，摂取地から離れた場所へ運ばれて排出される．その結果，鳥やコウモリの速度には及ばないとしても植物の分布域は確実に広がるのである．ここで重要な点は，種子が魚の消化管を通過する時間ができるだけ短いこと，その間に発芽能力が失われないこと，およびその間の魚の移動距離が長いことである．とくに魚が上流域へ移動すれば，植物の分布範囲はその周辺にとどまらず，上流

域にも拡大する手助けになる．魚の消化管内を通過中に消化酵素にさらされ，挙句の果てに排出された種子の発芽率はすべてが良好とはいえないが，それなりの発芽能力は残っているので，植物にとっては種子の分散の一つの手段になる．

アマゾン川下流域で最高水位が7mを超える氾濫原の森林地帯2カ所で行われた2種類の果物食性カラシンの仲間（種名の頭文字をとって $C.m.$ と $P.b.$ としておく）の食性の研究では，採集した $C.m.$ 298個体と $P.b.$ 87個体の99.8％の消化管内に果実または種子が含まれていて，それらは27種類の木本被子植物と4種類の草本植物に分類でき，2種類のカラシンはともに種子散布者には違いないが，摂食量と種子の損傷が少ないことから $P.b.$ は $C.m.$ より有能な種子分散者であると結論されている．

中央アメリカのコスタリカの熱帯雨林の川にも果物食性のカラシンの仲間がいる．その成魚に，川沿いに高さ2m以上の天蓋を形成するイチジクの仲間の種子を食べさせた研究では，その魚の体内に入った種子は約18〜36時間で消化管を通過して体外へ排出されることがわかった．これはコウモリや鳥類の消化排出時間に比べると必ずしも速いとはいえない．しかし，地上や水上で発芽させた対照実験と比較すると，発芽は遅れるが，約70％が発芽するという結果が得られていて，魚による種子分散の効果は期待できる．また，野外でバイオテレメトリーによって成魚の行動を追跡したところ，上流へ移動した魚の移動距離は4日後に0.1〜1kmで，最終的な移動距離は確認できなかったというが，この魚が種子を川の上流域へ運ぶ可能性は十分ある．さらに現地の野外研究とカリフォルニアに設けた大型温室内で行われた実験によって，このイチジクの種子分散にはコウモリと魚が主たるはたらきをすること，日当たりがよくて中性に近い土壌では種子の発芽はよく，かつ種苗の生長は早く，生残率も高いことなどが明らかにされている．

固定されない食性

植物の種子の分散に貢献するカラシンといっても，すべてが同じ食生活をするとは限らない．通常，魚は成長段階によって食物の種類を変える．

コスタリカのカラシンも例外ではなく，体長 3.5〜7.3 cm の若魚は主として昆虫を摂食するが，約 8〜41 cm の未成魚と成魚は果実や木の葉を好んで摂食するようになる．この食性の変化に伴って，消化管は相対的に長くなり，ペプシンやトリプシンのようなタンパク質の消化にかかわる酵素の活性は低くなり，アミラーゼのような炭水化物の消化にかかわる酵素の活性は高くなる．また，脂質の消化にかかわるリパーゼの活性は食性の変化に伴って多少の変化はあるが有意な変化はないことも明らかになった．

　ブラジル西部のボニート近郊の川に棲息し，漁業および釣りの対象となるカラシンの仲間も果実食性といわれる．その胃内容物を調べた結果は，甲殻類などの動物が 24%，果物の種子が 31%，藻類，植物の葉，花などの植物が 45% で，カラシンは果実だけを選んで摂食するのではないようである．果実類ではイチジクのような小さい種子や，大きくて硬い植物の種子などが消化管を通過して離れた場所へ運ばれる．もちろん，この地域の川べりの森の種子の運び屋の主役は鳥と哺乳類であって，魚が種子分散業を独占しているとはいえない．しかし興味深いことに，このカラシンは 11〜1 月の産卵期には絶食するが，その直前によく食べて回遊する．通常，この魚は水中に落下した果実を食べるが，水面からジャンプして約 1 m 上の木に実る果実に食いつく様子も観察されていて，種子分散者として重要なはたらきをすることはたしかである．こうした自然の成り行きを知る有識者は，もし乱獲その他の人間社会の諸活動によってこの魚の資源量が減少すれば，その地域の川べりの森に悪影響を及ぼす恐れがあると警鐘を鳴らしている．

　南アメリカの淡水域に棲息する数多いカラシンの仲間には，ここに例示したほかに，昆虫，甲殻類，小魚，カヤツリグサ，木の実などを混食する種子分散者の末輩もいる．

5–5　ハイギョ

　ハイギョ（肺魚）は文字通り空気呼吸ができる肺をもっている．咽頭後

部の消化管腹側に開口する気管を通して吸い込んだ空気を鰾（肺）へ送り，その上皮でガス交換をするのである．しかしハイギョはれっきとした魚であるから，少なくとも生まれた時の呼吸器は水中で呼吸が可能な鰓である．

ハイギョの祖先

　この仲間はおよそ4億年前の古生代のデボン紀前期に出現し，中生代の三畳紀後期までは種分化を重ねて繁栄した．しかし現在ではほとんどが絶滅してしまい，オーストラリアと南アメリカにそれぞれ1種類，アフリカに4種類が生き残っているだけである．

　化石資料などの研究によると，ハイギョの仲間は脊椎動物の進化の過程を知る鍵をにぎる存在で，両生類の祖先とつながりがある有力な候補として議論されている．また，現存のハイギョの仲間がオーストラリア，南アメリカ，アフリカの3大陸の限られた地域の川や湖沼に棲息する事実はこの仲間の発祥地についていろいろの憶測をよんできた．しかし化石の研究結果によると，ハイギョの仲間には海産の絶滅種が多く，しかも約3億7,500万年前のデボン紀後期までに空気呼吸に適応した海棲ハイギョがいたといわれ，この仲間の古生物地理学的分布域はかなり広く，かつ空気呼吸術を獲得した時期もかなり古いと推察されている．

　現在3大陸に棲息するハイギョの仲間のうちではオーストラリアのハイギョが最も祖先系に近いといわれ，肺は対をなさず，空気呼吸は偶発的で，終生，水中で生活する．南アメリカのハイギョとアフリカのハイギョは類似点が多く，肺は左右1対になるなど，いくつかの特殊化した形質を備える．そして成魚では鰓が退化し，空気呼吸への依存度が高くなり，彼らは水中で飼育しても頻繁に水面へ浮上して空気を吸い込むようになり，真の空気呼吸動物に近いことを暗示する．

呼吸・循環器系

　空気呼吸ができることに付随して，ハイギョの呼吸・循環器系はやや複雑である．オーストラリアのハイギョと，南アメリカおよびアフリカのハイギョとでは心臓の構造にいくつかの相違点はあるが，基本構造は心房と

心室がそれぞれ発達不十分な隔膜によって不完全ながら左右に分けられ，肺呼吸時には肺静脈を経由してくるガス交換後の酸素濃度の高い血液は左側へ，総主静脈からくる全身を循環後の酸素濃度の低い静脈血は右側へ入るようになっていて，この点ではハイギョの仲間と他の魚類とは根本的に異なる．

　ハイギョの肺の上皮は薄く，哺乳類の肺胞によく似た構造であるが，哺乳類の肺胞のような伸縮性はない．呼吸上皮中にはガス交換の場となる上皮細胞群に混じって表面活性物質を産生する細胞が多数分布する．この細胞は表面活性物質を分泌することによって，ガス交換に伴って収縮しようとする上皮細胞の表面張力を低下させて収縮を防ぎ，呼吸の効率を高めるはたらきをする．表面活性物質の成分構成ではオーストラリアのハイギョと，南アメリカおよびアフリカのハイギョとの間に微妙な差があり，後2者の成分構成は両生類の表面活性物質と非常によく似ている．

夏眠

　アフリカのハイギョの仲間は，干上がる心配のない東部アフリカの大きい湖に棲息する種類などは別として，水位の変動が大きい川，湖沼，湿地帯では乾季になると夏眠をすることで有名である．棲息地の水が干上がると，ハイギョは水底の軟泥中に潜り，口と尾部を上にしてU字状になって夏眠を始める．さらに泥が乾くと彼らは大量の粘液を分泌して体表を粘液でかため，まるで褐色の繭のような寝室をつくり，ここにこもるようにして夏眠を続ける（図5-7 A～D）．乾季は通常3～6カ月で終わるが，実験室で人工的につくった夏眠室では夏眠状態で1年以上生存できるという研究結果がある．夏眠中のハイギョは干上がった泥底の表面へ通じる細い隙間を通して空気呼吸をする．また夏眠中のハイギョは絶食状態にあり，呼吸量は目立って低下するが，体重の減少は緩やかである．

　夏眠するアフリカのハイギョの鰓呼吸と肺呼吸の機構はきわめて複雑である．かいつまんで記すと，前2対の鰓弓には鰓弁がなく，心室の左側から出る血液は鰓弓の動脈を通って体各部へ向かう背部大動脈と，肺へ向かう肺動脈に入る．後2対の鰓弓には鰓弁が発達し，心室の右側から出る血

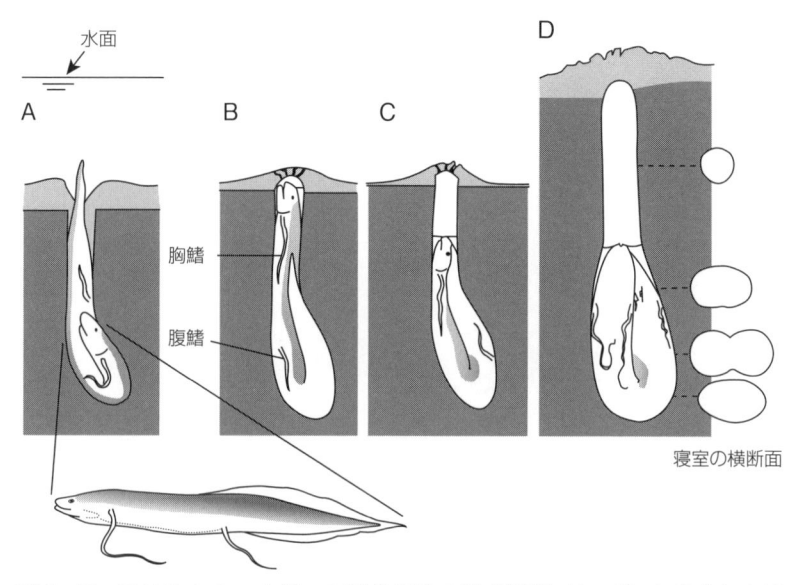

図5-7 アフリカのハイギョの繭状寝室の形成過程（A〜C）と完成した寝室中で夏眠するハイギョ（D）（Johnels and Srensson, 1954を改変）

液は鰓弁でガス交換をした後，背部大動脈と，肺動脈へ入る．水中で主として鰓呼吸を行う時は後者の血流が強く，夏眠時の肺呼吸時には前者の血流が強くなる（図5-8）．

　夏眠中のハイギョにとってはタンパク質代謝で生じる含窒素性終末産物の処理方法も課題となる．彼らは水中では多くの真骨魚類と同様に含窒素性排出物の大部分を毒性の強いアンモニアとして直接水中へ垂れ流す．ただ，水中生活時でも摂食十数時間後になると彼らのアンモニア排出量は増加するが，毒性の弱い尿素排出量も増加するという研究結果もある．

　問題は仮眠中の排出方法で，絶食状態でも排出物は生じるが，寝室内では水中と違って毒性の強いアンモニアの排出場所がないので，彼らは排出方法を毒性の弱い尿素排出仕様に切り替える．粘液繭状寝室内のハイギョ体内の尿素とアンモニアの経時的変化を実験室で測定した結果では，夏眠開始後6日間は変化がないが，その後尿素の生合成が増加し，筋肉，肝臓

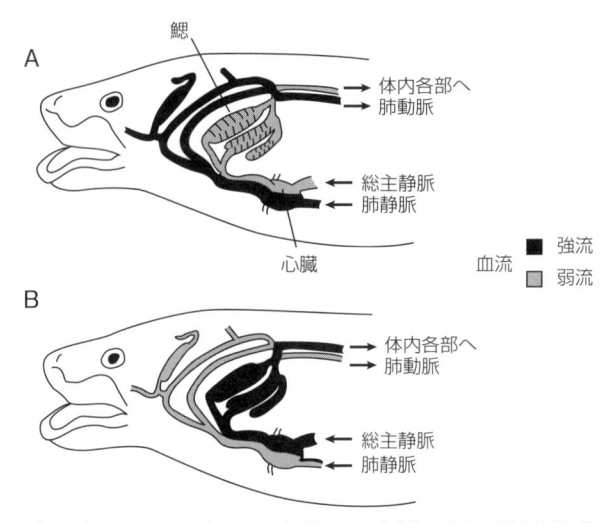

図5-8 アフリカのハイギョの心臓・鰓・肺循環系
（Szidon et al., 1969を改変）
A：夏眠中（肺呼吸），B：水中（鰓呼吸）．

など，体組織中の尿素の量は増加し，アンモニアの量は減少することが明らかにされている．また，夏眠46日後の空気中に露出する粘液繭状寝室中の個体と，湿った泥繭状寝室中の個体の体内諸器官に含まれる尿素の量を比較すると，前者では著しく増加したが，後者ではほとんど変化がなかったという研究結果もある．

摂食・消化

アフリカのハイギョは貝類や甲殻類のような硬い動物，小型無脊椎動物，魚類などを食べるが，オーストラリアのハイギョはおもに植物，デトリタス，昆虫の幼生などを含む小動物を食べる．ハイギョには顎骨がないので，特有の歯板が顎の内側の上下の骨上に3対ずつ形成される．また頭蓋骨の前端にも1対の鋭い歯板が形成される．硬化した歯板は硬い食物を噛み切ったり，すり潰したりするのに効果的にはたらく．

ハイギョの消化管にはサメ・エイの仲間と同様に腸に螺旋弁が発達する．オーストラリアのハイギョでは9個の螺旋弁からなる腸は短い食道の

後端につながり，前端の螺旋部はやや長く，胃の幽門部と同質である．アフリカのハイギョでは腸の螺旋弁は6個で，細長い胃につながる．夏眠して6カ月後の腸は暗色化し，内腔の後部には粘液状物質が充満する．

　ハイギョの食物探しには化学感覚，とくに嗅覚が主要なはたらきをする．またアフリカのハイギョでは鞭状の胸鰭に味蕾が分布することも明らかになっている．そして電気感覚の役割も無視できないことが明らかになってきた．オーストラリアのハイギョは頭部とくに吻部の皮膚中に多数の小さいアンプル状の電気受容器を備え，微弱な電気を感受する能力があり，この電気感覚によって砂中のザリガニを探し出すことが実験によって確認されている．

主要文献

第1章　魚の世界
Bone, Q. and Moore, R. 2008. Biology of fishes. 3 rd ed. 450 pp. Taylor & Francis, New York.

中坊徹次（編）．2000．日本産魚類検索，全種の同定（第2版）．1748pp. 東海大学出版会，東京．

Nelson, J. S. 2006. Fishes of the world. 4th ed. 601 pp. John Wiley & Sons, Inc., Hoboken.

第2章　海の表層，表層魚の体温
Horn, M. H. 1972. The amount of space available for marine and freshwater fishes, *Fish. Bull.*, 70: 1295−1297.

Parin, N. V. 1970. Ichthyofauna of the epipelagic zone.（Translated by M. Raveh from Russian）205 pp. Jerusalem.

ノート2．部分的内温性
Bernal, D. *et al.* 2001. Analysis of the evolutionary convergence for high performance swimming in lamnid sharks and tunas. *Comp. Biochem. Physiol. A*, 129: 695−726.

Carey, F. G. *et al.* 1984. Bluefin tuna warm their viscera during digestion. *J. Exp. Biol.*, 109: 1−20.

Dickson, K. A. and Graham, J. B. 2004. Evolution and consequences of endothermy in fishes. *Physiol. Biochem. Zool.*, 77: 998−1018.

Fudge, D. S. and Stevens, K. D. 1996. The visceral *retia mirabilia* of tuna and sharks: an annotated translation and discussion of the Eschricht & Müller 1835 paper and related papers. *Guelph Ichthyol. Rev.*, 4: 1−92.

2−1　部分的内温性の魚
2−1−1　ホオジロザメ
Bonfil, R. *et al.* 2005. Transoceanic migration, spatial dynamics, and population linkages of white sharks. *Science*, 310: 100−103.

Carey, F. G. *et al.* 1982. Temperature and activities of a white shark, *Carcharodon carcharias. Copeia*, 1982: 254−260.

Estrada, J. A. *et al.* 2006. Use of isotopic analysis of vertebrae in reconstructing ontogenetic feeding ecology in white sharks. *Ecology*, 87: 829−834.

Jorgensen, S. J. *et al.* 2010. Philopatry and migration of Pacific white sharks. *Proc. Roy. Soc. B*, 277: 679−688.

Klimley, A. P. and Ainley, D. G. eds. 1996. Great white sharks: the biology of *Carcharodon carcharias*, 517pp. Academic Press, San Diego.

Klimley, A. P. *et al.* 2001. The hunting strategy of white sharks（*Carcharodon carcharias*）near a seal colony. *Mar. Biol.*, 138: 617−636.

Martin, R. A. *et al.* 2005. Predatory behaviour of white sharks（*Carcharodon carcharias*）at Seal Island, South Africa. *J. Mar. Biol. Assoc. U. K.*, 85: 1121−1135.

Weng, K. C. *et al.* 2007. Migration and habitat of white sharks (*Carcharodon carcharias*) in the eastern Pacific Ocean. *Mar. Biol.*, 152: 877-894.

Wroe, S. *et al.* 2008. Three-dimensional computer analysis of white shark jaw mechanics: how hard can a great white bite? *J. Zool.*, 276: 336-342.

ノート3. 魚の食性と顎と歯

Camp, A. L. *et al.* 2009. Functional morphology and biomechanics of the tongue-bite apparatus in salmonnid and osteoglossomorph fishes. *J. Anat.*, 214; 717-728.

Fink, W. L. 1981. Ontogeny and phylogeny of tooth attachment modes in actinopterygian fishes. *J. Morphol.*, 167: 167-184.

James, W. W 1953. The succession of teeth in elasmobranchs. *Proc. Zool. Soc. Lond.*, 123: 419-474.

Liem, L. F. 1978. Modulatory multiplicity in the functional repertorie of the feeding mechanism in cichlid fishes. *J. Morphol.*, 158: 323-360.

2-1-2 ネズミザメ

Carey, F. G. *et al.* 1981. The visceral temperatures of mackerel sharks (Lamnidae). *Physiol. Zool.*, 54: 334-344.

Goldman, K. J. *et al.* 2004. Homeothermy in adult salmon sharks, *Lamna ditropis*. *Environ. Biol. Fish.*, 71: 403-411.

Nagasawa, K. 1998. Predation by salmon sharks (*Lamna ditropis*) on Pacific salmon (*Oncorhynchus* spp.) in the North Pacific Ocean. *North Pacific Anadromous Fish Comm. Bull.*, (1): 419-433.

Perry, C. N. *et al.* 2007. Quantification of red myotomal muscle volume and geometry in the shortfin mako shark (*Isurus oxyrinchus*) and the salmon shark (*Lamna ditropis*) using T_1 weighted magnetic resonance imaging. *J. Morphol.*, 268: 284-292.

Tubbesing, V. A. and Block, B. A. 2000. Orbital rete and red muscle vein anatomy indicate a high degree of endothermy in the brain and eye of the salmon shark. *Acta Zool.*, 81: 49-56.

Weng, K. C. *et al.* 2005. Satellite tagging and cardiac physiology reveal niche expansion in salmon sharks. *Science*, 310: 104-106.

ノート4. 魚の呼吸・循環系

Evans, D. H. *et al.* 2005. The multifunctional fish gill: dominant site of gas exchange, osmoregulation, acid-base regulation, and excretion of nitrogenous waste. *Physiol. Rev.*, 85: 97-177.

Hughes, G. M. and Morgan, J. S. D. 1973. The structure of fish gills in relation to their respiratory function. *Biol. Rev.*, 48: 419-475.

板沢靖男．1987．呼吸器官．"落合 明（編）．魚類解剖学．" pp. 113-134. 緑書房，東京．

板沢靖男．1987．循環系．"落合 明（編）．魚類解剖学．" pp. 135-153. 緑書房，東京．

2-1-3 メカジキ

Conrad, G. M. 1937. The nasal bone and sword of the swordfish (*Xiphias gladius*). *Amer. Mus. Novitates*, (968): 1-3.

Dewar, H. *et al.* 2011. Movements and behaviors of swordfish in the Atlantic and Pacific Oceans examined using pop-up satellite archival tags. *Fish. Oceanogr.*, 20: 219-241.

Fritsches, K. A. *et al.* 2005. Warm eye provide super vision in swordfishes. *Current Biol.*, 15: 55-58.

Little, A. G. *et al.* 2010. Evolutionary affinity of billfishes (Xiphidae and Istiopholidae) and flatfishes (Pleuronectiformes): independent and trans-subordinal origins of endothermy in teleost fishes. *Mol. Phylogenet. Evol.*, 56: 897-904.

McGowan, G. 1988. Differential development of the rostrum and mandible of the swordfish (*Xiphias gladius*) during ontogeny and its possible functional significance. *Can. J. Zool.*, 66: 496-503.

Nakamura, I. 1983. Systematics of the billfishes (Xiphiidae and Istiophoridae). *Publ. Seto Mar. Biol. Lab.*, 28: 255-396.

Raven, H. C. and LaMonte, F. 1937. Notes on the alimentary tract of the swordfish (*Xiphias gladius*). *Amer. Mus. Novitates*, (902): 1-13.

Young, J. *et al.* 2006. Feeding ecology of broadbill swordfish, *Xiphias gladius*, off eastern Australia in relation to physical and environmental variables. *Bull. Mar. Sci.*, 79: 793-809.

ノート5. 魚の視覚

Collin, S. P. and Shand, J. 2000. Retinal sampling and the visual field in fishes. In "Collin, S. P. and Marshall, N. J. eds. Sensory processing of the aquatic environment." pp. 139-169. Springer-Verlag, New York.

Hawryshyn, C. W. and Hárosi, F. I. 1994. Spectral characteristics of visual pigments in rainbow trout (*Oncorhynchus mykiss*). *Vision Res.*, 34: 1385-1392.

川村軍蔵．2010．魚との知恵比べ－魚の感覚と行動の科学－（3訂版），200pp. 成山堂書店，東京．

宗宮弘明・丹羽 宏．1991．視覚．"板沢靖男・羽生 功（編）．魚類生理学."pp. 403-441. 恒星社厚生閣，東京．

2-2 外温性の魚
2-2-1 シイラ

Benetti, D. D. *et al.* 1995. The standard metabolic rate of dolphin fish. *J. Fish Biol.*, 46: 987-996.

Brill, R. W. 1996. Selective advantages conferred by the high performance physiology of tunas, billfishes, and dolphin fish. *Comp. Biochem. Physiol.*, 113 A, 3-15.

Castro, J. J. *et al.* 2002. A general theory on fish aggregation to floating objects: An alternative to the meeting point hypothesis. *Rev. Fish Biol. Fish.*, 11: 255-277.

Gooding, R. M. and Magnuson, J. J. 1967. Ecological significance of a drifting object to pelagic fishes. *Pac. Sci.*, 21: 486-497.

児島俊平．1966．シイラの漁業生物学的研究．108 pp.（京大博士論文）．

百瀬 修ほか．2003．シイラの遠近調節系と網膜視神経細胞の分布．日水誌，69: 933-939.

Webb, P. W. and Keyes, R. S. 1981. Division of labor between median fins in swimming dolphin (Pisces: Coryphaenidae). *Copeia*, 1981: 901-904.

ノート 6. 魚の脳

伊藤博信. 2000. 硬骨魚類の大脳新皮質. *比較生理生化学*. 17: 32-39.

Kotrschal, K. *et al.* 1998. Fish brains: evolution and environmental relationships. *Rev. Fish Biol. Fish.*, 8: 373-408.

Lisney, T. J. and Collin, S. P. 2006. Brain morphology in large pelagic fishes: a comparison between sharks and teleosts. *J. Fish Biol.*, 68: 532-554.

内橋 潔. 1953. 脳髄の形態より見た日本産硬骨魚類の生態学的研究. *日水研研報*, (2): 1-166.

植松一眞. 2002. 神経系. "会田勝美 (編). 魚類生理学の基礎." pp. 28-44. 恒星社厚生閣, 東京.

2-2-2 トビウオ

Anctil, M. and Ali, M. A. 1970. Retina of *Exocoetus volitans* and *Podiator acutus* (Pisces: Exocoetidae). *Copeia*, 1970: 43-48.

Davenport, J. 1994. How and why do flying fish fly? *Rev. Fish Biol. Fish.*, 4: 184-214.

Dasilao, J. C. and Yamaoka, K. 1998. Development of vertebral column and caudal complex in a flyingfish, *Parexocoetus mento mento* (Teleostei: Exocoetidae). *Ichthyol. Res.*, 45: 303-308.

Lovejoy, N. R. *et al.* 2004. Phylogeny and jaw ontogeny of beloniform fishes. *Integ. Comp. Biol.*, 44: 366-377.

Tominaga, Y. *et al.* 1996. Posterior extension of the swimbladder in percoid fishes, with a literature survey of other teleosts. *Univ. Mus., Univ. Tokyo, Bull.*, (36): 1-73.

ノート 7. 胃, 腸, 幽門垂

Horn, M. H. 1989. Biology of marine herbivorous fishes. *Oceanogr. Mar. Biol. Ann. Rev.*, 27: 167-273.

Suyehiro, Y. 1942. A study on the digestive system and feeding habits of fish. *Jpn. J. Zool.*, 10: 1-303.

2-2-3 ウバザメ

Gore, M. A. *et al.* 2008. Transatlantic migration and deep mid-ocean diving by basking shark. *Roy. Soc. Biol. Lett.*, 4: 395-398.

Kruska, D. C. T. 1988. The brain of the basking shark (*Cetorhinus maximus*). *Brain Behav. Evol.*, 32: 353-363.

Matthews, L. H. and Parker, H. W. 1950. Notes on the anatomy and biology of the basking shark (*Cetorhinus maximus* (Gunner)). *Proc. Zool. Soc. Lond.*, 120: 535-576.

Parker, H. W. and Boeseman, M. 1954. The basking shark, *Cetorhinus maximus*, in winter. *Proc Zool. Soc. Lond.*, 124: 185-194.

Sims, D. W. 2008. Sieving a living: a review of the biology, ecology and conservation status of the plankton-feeding basking shark *Cetorhinus maximus*. *Adv. Mar. Biol.*, 54: 171-220.

Sims, D. W. *et al.* 2003. Seasonal movements and behaviour of basking sharks from archival tagging: no evidence of winter hibernation. *Mar. Ecol. Prog. Ser.*, 248: 187-196.

Skomal, G. B. *et al.* 2009. Transequatorial migrations by basking sharks in the western Atlantic Ocean. *Current Biol.*, 19: 1019-1022.

ノート8. 鰓耙, 咽頭顎

Liem, K. F. and Greenwood, P. H. 1981. A functional approach to the phylogeny of the pharyngognath teleosts. *Amer. Zool.*, 21: 83-101.

Mehta, R. S. and Wainwright, P. C. 2008. Functional morphology of the pharyngeal jaw apparatus in moray eels. *J. Morphol.*, 269: 604-619.

Sibbing, F. A. 1982. Pharyngeal mastication and food transport in the carp (*Cyprinus carpio* L.): a cineradiographic and electromyographic study. *J. Morphol.*, 172: 223-258.

Suyehiro, Y. 1942. (前出).

2-2-4 メンヘイデン (ニシンの仲間)

Durbin, A. G. *et al*. 1981. Voluntary swimming speeds and respiration rates of a filter-feeding planktivore, the Atlantic menhaden, *Brevoortia tyrannus* (Pisces: Clupeidae). *Fish. Bull.*, 78: 877-886.

Friedland, K. D. *et al*. 2006. Sieving functional morphology of the gill raker feeding apparatus of Atlantic menhaden. *J. Exp. Zool. A*, 305: 974-985.

Higgs, D. M. *et al*. 2004. Development of ultrasound detection in American shad (*Alosa sapidissima*). *J. Exp. Biol.*, 207: 155-163.

Hoss, D. E. and Blaxter, J. H. S. 1982. development and function of the swimbladder-inner ear-lateral line system in the Atlantic menhaden, *Brevoortia tyrannus* (Latrobe). *J. Fish Biol.*, 20: 131-142.

Mann, D. A. *et al*. 2001. Ultrasound detection by clupeiform fishes. *J. Acoust. Soc. Am.*, 109: 3048-3054.

Mann, D. A. *et al*. 1998. Detection of ultrasonic tones and simulated dolphin echolocation clicks by a teleost fish, the American shad (*Alosa sapidissima*). *J. Acoust. Soc. Am.*, 104: 562-568.

Mann, D. A. *et al*. 2005. Pacific herring hearing does not include ultrasound. *Biol. Lett.*, 1: 158-161.

Popper, A. N. *et al*. 2004. Response of clupeid fish to ultrasound: a review. *ICES J. Mar. Sci.*, 61: 1057-1061.

Wilson, M. *et al*. 2009. Ultrasound detection in the Gulf menhaden requires gas-filled bullae and an intact lateral line. *J. Exp. Biol.*, 212: 3422-3427.

ノート9. 魚の聴覚, 鰾, 側線系

聴覚

Fay, R. R. and Popper, A. N. 1980. Structure and function in teleost auditory systems. In "Popper, A. N. and Fay, R. R. eds. Comparative studies of hearing in vertebrates." pp. 3-42. Springer-Verlag, New York.

Corwin, J. T. 1989. Functional anatomy of the auditory system in sharks and rays. *J. Exp. Zool. Suppl.*, 2: 62-74.

川村軍蔵・安楽和彦. 1998. 魚類の聴側線器の構造と機能. "添田秀男・畠山良己・川村軍蔵 (編). 魚類の聴覚生理." pp. 1-63. 恒星社厚生閣, 東京.

鰾

Chardon, M. and Vandewalle, P. 1997. Evolutionary trends and possible origin of the Weberian apparatus. *Netherl. J. Zool.*, 47: 383-403.

Harden Jones, F. R. and Marshall, N. B. 1953. The structure and functions of the teleost swimbladder. *Biol. Rev.*, 28: 16-83.
Whitehead, P. J. P. and Blaxter, J. H. S. 1989. Swimmbladder form in clupeoid fishes. *Zool. J. Linn. Sci.*, 97: 299-372.

側線感覚

Bleckmann, H. 1993. Role of the lateral line in fish behaviour. In "Pitcher, T. J. ed. Behaviour of teleost fishes." pp. 201-246. Chapman & Hall, London.
Dijkgraaf, S. 1962. The functioning and significance of the lateral-line organs. *Biol. Rev.*, 38: 51-105.
Webb, J. F. 1989. Gross morphology and evolutionof the mechanoreceptive lateral-line system in teleost fishes. *Brain Behav. Evol.*, 33: 34-53.

2-2-5 ボラ

Freihofer, W. C. 1972. Trunk lateral line nerves, hyoid arch gill rakers, and olfactory bulb location in atherinimorph, mugilid, and percoid fishes. *Occ. Pap. Calif. Acad. Sci.*, (95): 1-31.
Harrison, I. J. and Howes, G. J. 1991. The pharyngobranchial organ of mugilid fishes; its structure, variability, ontogeny, possible function and taxonomic utility. *Bull. Br. Mus Nat. Hist. (Zool.)*, 57: 111-132.
McFarland, W. N. and Moss, S. A. 1967. Internal behavior in fish schools. *Science*, 156: 260-262.
Pillay, T. V. R. 1953. Studies on the food, feeding habits and alimentary tract of the grey mullet, *Mugil tade* Forskål. *Proc. Natl Inst. Sci. India*, 19: 777-827.
Thomson, J. M. 1966. The grey mullets. *Oceanogr. Mar. Biol. Ann. Rev.*, 4: 301-335.

ノート 10. 肝臓, 胆嚢, 膵臓

Einarsson, S. *et al*. 1997. Effect of cholecystokinin on the discharge of the gallbladder and the secretion of trypsin and chymotrypsin from the pancreas of Atlantic salmon, *Salmo salar* L. *Comp. Biochem. Physiol. C*, 117: 63-67.
佐本敏彦. 1958. 魚類の肝臓内に於ける膵臓組織について. 医学研究, 28: 3244-3270.
Suyehiro, Y. 1942. (前出).

第3章 海の底層と深海
3-1 磯～沿海底層
3-1-1 植物食性魚とイスズミ

Clements, K. D. 1997. Fermentation and gastrointestinal microorganisms in fishes. In "Mackie, R. and White, B. A. eds. Gastrointestinal microbiology. Vol. 1 Gastrointestinal ecosystems and fermentations." pp. 156-198. Chapman & Hall, New York.
Mountfort, D. O. *et al*. 2002. Hindgut fermentation in three species of marine herbivorous fish. *Appl. Environ. Microbiol.*, 68: 1374-1380.
Rimmer, D. W. and Wiebe, W. J. 1987. Fermentative microbial digestion in herbivorous fishes. *J. Fish Biol.*, 31: 229-236.
Sturm, E. A. and Horn, M. H. 1998. Food habits, gut morphology and pH, and assimilation efficiency

of the zebraperch *Hermosilla azurea*, an herbivorous kyphosid fish of temperate marine waters. *Mar. Biol.*, 132: 515-522.

3-1-2 ヨウジウオとタツノオトシゴ

Ashley-Ross, M. 2002. Mechanical properties of the dorsal fin muscle of seahorse (*Hippocampus*) and pipefish (*Syngnathus*). *J. Exp. Zool.*, 293: 561-577.

Carcupino, M. *et al*. 1997. Morphological organization of the male brood pouch epithelium of *Syngnathus abaster* Risso (Teleostea, Syngnathidae), before, during, and after egg incubation. *Tissue Cell*, 29: 21-30.

Hale, M. E. 1996. Functional morphology of ventral tail bending and prehensile abilities of the seahorse, *Hippocampus kuda*. *J. Morphol.*, 227: 51-65.

Ripley, J. L. and Foran, C. M. 2009. Direct evidence for embryonic uptake of paternally-derived nutrients in two pipefishes (Syngnathidae: *Syngnathus* spp.). *J. Comp. Physiol. B*, 179: 325-333.

Teske, P. R. and Beheregaray, L. B. 2009. Evolution of seahorses' upright posture was linked to Oligocene expansion of seagrass habitats. *Biol. Lett.*, 5: 521-523.

Van Wassenbergh, S. *et al*. 2009. Suction is kid's play: extremely fast suction in newborn seahorses. *Biol. Lett.*, 5: 200-203.

Van Wassenbergh, S. *et al*. 2008. Extremely fast prey capture in pipefish is powered by elastic recoil. *J. Roy. Soc. Interface*, 5: 285-296.

Watanabe, S. *et al*. 1999. Immunocytochemical detection of mitochondria-rich cells in the brood pouch epithelium of the pipefish, *Syngnathus schlegeli*: structural comparison with mitochondria-rich cells in the gills and larval epidermis. *Cell Tissue Res.*, 295: 141-149.

3-1-3 ネコザメ

Dempster, R. P. and Herald, E. S. 1961. Notes on the hornshark, *Heterodontus francisci*, with observations on mating activities. *Occ. Pap. Calif. Acad. Sci.*, 33: 1-7.

Edmonds, M. A. *et al*. 2001. Food capture kinematics of the suction feeding horn shark, *Heterodontus francisci*. *Environ. Biol. Fish.*, 62: 415-427.

萩原宗一．1993．下田海中水族館に於ける軟骨魚類の飼育及び繁殖について．板鰓類研報, (30): 1-18.

Huber, D. R. *et al*. 2005. Analysis of the bite force and mechanical design of the feeding mechanism of the durophagous horn shark *Heterodontus francisci*. *J. Exp. Biol.*, 208: 3553-3571.

McLaughlin, R. H. and O'Gower, A. K. 1971. Life history and underwater studies of a heterodont shark. *Ecol. Monogr.*, 41: 271-289.

Powter, D. M. and Gladstone, W. 2008. Embryonic mortality and predation on egg capsule of the Port Jackson shark *Heterodontus portusjacksoni* (Meyer). *J. Fish Biol.*, 72: 573-584.

Powter, D. M. and Gladstone, W. 2008. The reproductive biology and ecology of the Port Jackson shark *Heterodontus portusjacksoni* in the coastal waters of eastern Australia. *J. Fish Biol.*, 72: 2615-2633.

Reif, W. -E. 1976. Morphogenesis, pattern formation and function of the dentition of *Heterodontus*

(Selachii). *Zoomorphologie*, 83: 1-47.
Rodda, K. R. and Seymour, R. S. 2008. Functional morphology of embryonic development in the Port Jackson shark *Heterodontus portusjacksoni* (Meyer). *J. Fish Biol.*, 72: 961-984.
Summers, A. P. *et al.* 2004. Structure and function of the horn shark (*Heterodontus francisci*) cranium through ontogeny: development of a hard prey specialist. *J. Morphol.*, 260: 1-12.

3−1−4 トビエイの仲間

Blaylock, R. A. 1989. A massive school of cownose rays, *Rhinoptera bonasus* (Rhinopteridae) in lower Chesapeake Bay. *Copeia*, 1989: 744-748.
Blaylock, R. A. 1993. Distribution and abundance of the cownose ray, *Rhinoptera bonasus*, in lower Chesapeake Bay. *Estuaries*, 16: 255-263.
Nishida, K. 1990. Phylogeny of the suborder Myliobatidoidei. *Mem. Fac. Fish. Hokkaido Univ.*, 37: 1-108.
Sasko, D. E. *et al.* 2006. Prey capture behavior and kinematics of the Atlantic cownose ray, *Rhinoptera bonasus*. *Zoology*, 109: 171-181.
Smith, J. W. and Merriner, J. V. 1985. Food habits and feeding behavior of the cownose ray, *Rhinoptera bonasus*, in lower Chesapeake Bay. *Estuaries*, 8: 305-310.
Summers, A. P. 2000. Stiffening the stingray skeleton—an investigation of durophagy in myliobatid stingrays (Chondrichthyes, Batoidea, Myliobatidae). *J. Morphol.*, 243: 113-126.
山口敦子. 2009. 有明海が育むサメ・エイ類. "日本魚類学会自然保護委員会編, 干潟の海に生きる魚たち." pp. 33-64, 東海大学出版会, 東京.
Yamaguchi, A. *et al.* 2005. Occurrence, growth and food of longheaded eagle ray, *Aetobatus flagellum*, in Ariake Sound, Kyushu, Japan. *Environ. Biol. Fish.*, 74: 229-238.

3−1−5 ヒメジ

Gosline, W. A. 1984. Structure, function and ecology in the goatfishes (family Mullidae). *Pac. Sci.*, 38: 312-323.
Holland, K. 1978. Chemosensory orientation to food by a Hawaiian goatfish (*Parupeneus porphyreus*, Mullidae). *J. Chem. Ecol.*, 4: 173-186.
Kiyohara, S. *et al.* 2002. The 'goatee' of goatfish: innervation of taste buds in the barbels and their representation in the brain. *Proc. R. Soc. Lond. B*, 269: 1773-1760.
Kiyohara, S. and Tsukahara, J. 2005. Barbel taste system in catfish and goatfish. In "Reutter, K. and Kapoor, B. G. eds. Fish chemosenses." pp. 175-209. Science Publishers, Enfield, USA.
Sato, M. 1937. Further studies on the barbels of a Japanese goatfish, *Upeneoides bensasi* (Temminck & Schlegel). *Sci. Rep. Tohoku Imp. Univ., 4th Ser. Biol.*, 11: 297-302.

ノート11. 魚の嗅覚と味覚

Cox, J. P. L. 2008. Hydrodynaic aspects of fish olfaction. *J. Roy. Soc. Interface*, 5: 575-593.
Finger, T. E. 1997. Evolution of taste and solitary chemoreceptor cell system. *Brain Behav. Evol.*, 50: 234-243.
清原貞夫. 2002. 魚類の味覚−その多様性と共通性からみる進化. "植松一眞・岡　良隆・伊藤

博信（編）．魚類のニューロサイエンス."pp. 58-76. 恒星社厚生閣，東京．
Marui, T. and Caprio, J. 1992. Teleost gestation. In "Hara, T. J. ed. Fish Chemoreception." pp. 171-198. Chapman & Hall, London.
Zeike, E. B. *et al*. 1992. Structure, development, and evolutionary aspects of the peripheral olfactory system. In "Hara, T. J. ed. Fish Chemoreception." pp. 13-39. Chapman & Hall, London.

3-1-6 ホウボウ

Amorim, M. C. P. 2006. Diversity of sound production in fish. In "Ladich, F. *et al*. eds. Communication in Fishes. Vol. 1." pp. 71-105. Science Publisher, Enfield.
Amorim, M. C. P. and Hawkins, A. D. 2000. Growling for food: acoustic emissions during competitive feeding of the streaked gurnard. *J. Fish Biol*., 57: 895-907.
Amorim, M. C. P. *et al*. 2004. Sound production during competitive feeding in the grey gurnard. *J. Fish Biol*., 65: 182-194.
Connaughton, M. A, 2004. Sound generation in the sea robin (*Prionotus carolinus*), a fish with alternate sonic muscle contraction. *J. Exp. Biol*., 207: 1643-1654.
Renous, S. *et al*. 2000. Six-legged walking by a bottom-dwelling fish. *J. Mar. Biol. Asc. U. K*., 80: 757-758.
Silver, W. L. and Finger, T. E. 1984. Electrophysiological examination of a non-olfactory, non-gustatory chemo-sense in the searobin, *Prionotus carolinus*. *J. Comp. Physiol. A*, 154: 167-174.

ノート12. 音を発する魚

Hawkins, A. D. 1993. Underwater sound and fish behaviour. In "Pitcher, T. J. ed. Behaviour of teleost fishes." pp. 129-169. Chapman & Hall, London.
Ladich, F. and Fine, M. L. 2006. Sound-generating mechanisms in fishes: a unique diversity in vertebrates. In "Ladich, F. *et al*. eds. Communication in Fishes. Vol. 1." pp. 3-43. Science Publishers, Enfield.
宗宮弘明．2002．魚類発音システムの多様性とその神経生物学．"植松一眞・岡　良隆・伊藤博信（編）．魚類のニューロサイエンス."pp. 38-57. 恒星社厚生閣，東京．

3-1-7 ニベの仲間

Connaughton, M. A. *et al*. 1997. The effects of seasonal hypertrophy and atrophy on fiber morphology, metabolic substrate concentration and sound characteristics of the weakfish sonic muscle. *J. Exp. Biol*., 200: 2449-2457.
Connaughton, M. A. and Taylor, M. H. 1995. Effects of exogenous testosterone on sonic muscle mass in the weakfish, *Cynoscion regalis*. *Gen. Comp. Endocrinol*., 100: 238-245.
Ramcharitar, J. *et al*. 2006. Bioacoustics of fishes of the family Sciaenidae (croakers and drums). *Trans. Am. Fish. Soc*., 135: 1409-1431.
Sasaki, K. 1989. Phylogeny of the family Sciaenidae, with notes on its zoogeography (Teleostei, Perciformes). *Mem. Fac. Fish. Hokkaido Univ*., 36: 1-137.
Takemura, A. *et al*. 1978. Studies on the underwater sound - Ⅶ Underwater calls of the Japanese marine drum fishes (Sciaenidae). *Bull. Jpn. Soc. Sci. Fish*., 44: 121-125.

3-1-8 イカナゴ

Behrens, J. W. and Steffensen, J. F. 2007. The effect of hypoxia on behavioural and physiological aspects of lesser sandeel, *Ammodytes tobianus* (Linnaeus, 1785). *Mar. Biol.*, 150: 1365-1377.

Behrens, J. W. *et al.* 2007. Oxygen dynamics around buried lesser sandeels *Ammodytes tobianus* (Linnaeus 1785): mode of ventilation and oxygen requirements. *J. Exp. Biol.*, 210: 1006-1014.

Gidmark, N. J. *et al.* 2011. Locomotory transition from water to sand and its effects on undulatory kinematics in sand lances (Ammodytidae). *J. Exp. Biol.*, 214: 657-664.

井上明 ほか. 1967. イカナゴの漁業生物学的研究. 内海区水産研究所報告, (25): 1-335.

浜田尚雄. 1985. 我が国におけるイカナゴの生態と漁業資源. 水産研究叢書 (36), 85pp., 日本水産資源保護協会, 東京.

Tomiyama, M. and Yanagibashi, S. 2004. Effect of temperature, age class, and growth on induction of aestivation in Japanese sandeel (*Ammodytes personatus*) in Ise Bay, central Japan. *Fish. Oceanogr.*, 13: 81-90.

Winslade, P. 1974. Behavioural studies on the lesser sandeel *Ammodytes marinus* (Raitt). III. The effect of temperature on activity and the environmental control of the annual cycle of activity. *J. Fish Biol.*, 6: 587-5.

3-1-9 アンコウ

Everly, A. W. 2002. Studies of development of the goosefish, *Lophius americanus*, and comments on the phylogenetic significance of the development of the luring apparatus in Lophiiformes. *Environ. Biol. Fish.*, 64: 393-417.

Hislop, J. R. G. *et al.* 2000. Near-surface captures of post-juvenile anglerfish in the North-east Atlantic —an unsolved mystery. *J. Fish Biol.*, 57: 1083-1087.

Kerebel, L. -M. *et al.* 1979. The attachment of teeth in *Lophius*. *Can. J. Zool.*, 57: 711-718.

小坂昌也. 1966. キアンコウの食生活. 東海大紀要 海洋学部, (1): 51-70.

Laurenson, C. H. *et al.* 2004. Deep water observations of *Lophius piscatorius* in the north-eastern Atlantic Ocean by means of a remotely operated vehicle. *J. Fish Biol.*, 65: 947-960.

三島冬嗣. 1956. アンコウの食性 水禽を捕食した数例. 採集と飼育, 18: 282-283.

Rountree, R. A. *et al.* 2008. Large vertical movements by a goosefish, *Lophius americanus*, suggests the potential of data storage tags for behavioral studies of benthic fishes. *Mar. Freshw. Behav. Physiol.*, 41: 73-78.

Yoneda, M. *et al.* 2000. Reproductive cycle, fecundity, and seasonal distribution of the anglerfish *Lophius litulon* in the East China and Yellow seas. *Fish. Bull.*, 99: 356-370.

3-2 深海,深海魚

Haedrich, R. L. 1996. Deep-water fishes: evolution and adaptation in the earth's largest living spaces. *J. Fish Biol.*, 49 (Supple A): 40-53.

沖山宗雄. 1991. 深海魚の生活戦略. 遺伝, 45: 18-22.

Priede, I. G. *et al.* 2006. The absence of sharks from abyssal regions of the world's oceans. *Proc. Roy. Soc. B*, 273: 1435-1441.

3-2-1 オオクチホシエソ

Douglas, R. H. and Partridge, J. C. 1997. On the visual pigments of deep-sea fish. *J. Fish Biol.*, 50: 68-85.

Douglas, R. H. *et al.* 1999. Enhanced retinal longwave sensitivity using a chlorophyll-derived photosensitiser in *Malacosteus niger*, a deep-sea dragon fish with far red bioluminescence. *Vision Res.*, 39: 2817-2832.

Günther, K. und Deckert, K. 1959. Morphologie und Funktion des Kiefer- und Kiemenapparates von Tiefseefischen der Gattungen Malacosteus und Photostomias. *Dana-Report*, (49): 1-54.

Herring, P. J. and Cope, C. 2005. Red bioluminescence in fishes: on the suborbital photophores of *Malacosteus, Pachystomia and Aristostomias*. *Mar. Biol.*, 148: 383-394.

Kenaley, C. P. 2008. Diel vertical migration of the loosejaw dragonfishes (Stomiiformes: Stomiidae: Malacosteinae): a new analysis for rare pelagic taxa. *J. Fish Biol.*, 73: 888-901.

Sutton, T. T. 2005. Trophic ecology of the deep-sea fish *Malacosteus niger* (Pisces: Stomiidae): an enigmatic feeding ecology to facilitate a unique visual system? *Deep Sea Res. I*, 52: 2065-2076.

Tchernavin, V. V. 1953. The feeding mechanisms of a deep sea fish *Chauliodus sloani* Schneider. 101pp. British Museum (Natural History), London.

3-2-2 シギウナギとフクロウナギ

Gartner, J. V. 1983. Sexual dimorphism in the bathypelagic gulper eel *Eurypharynx pelecanoides* (Lyomeri: Eurypharyngidae), with coments on reproductive strategy. *Copeia*, 1983: 560-563.

Inoue, J. G. *et al.* 2010. Deep-ocean origin of the freshwater eels. *Biol. Lett.*, 6: 363-366.

Mead, G. W. and Earle, S. A. 1970. Notes on the natural history of snipe eels. *Proc. Calif. Acad. Sci. 4th Ser.*, 38: 99-103.

Nielsen, J. G. and Smith, D. G. 1978. The eel family Nemichthyidae (Pisces, Anguilliformes). *Dana-Report*, (88): 1-71.

Nielsen, J. G. *et al.* 1989. The biology of *Eurypharynx pelecanoides* (Pisces, Eurypharyngidae). *Acta Zool.*, 70: 187-197.

Owre, N. B. and Bayer, F. M. 1970. The deep-sea gulper *Eurypharynx pelecanoides* Vaillant 1882 (order Lyomeri) from the Hispaniola Basin. *Bull. Mar. Sci.*, 20: 186-192.

3-2-3 クサウオの仲間

Able, K. W. and Musick, J. A. 1976. Life history, ecology, and behavior of *Liparis inquilinus* (Pisces: Cyclopteridae) associated with the sea scallop, *Placopecten magellanicus*. *Fish. Bull.*, 74: 409-421.

Andriashev, A. P. 1991. Possible pathways of *Paraliparis* (Pisces: Liparidae) and some other North Pacific secondarily deep-sea fishes into North Atlantic and Arctic depths. *Polar Biol.*, 11: 213-218.

Busby, M. S. *et al.* 2006. Eggs and late-stage embryos of *Allocareproctus unangas* (family Liparidae) from the Aleutian Islands. *Ichthyol. Res.*, 53: 423-426.

Jamieson, A. J. *et al.* 2009. Liparid and macrourid fishes of the hadal zone: in situ observations activity and feeding behaviour. *Proc. Roy. Soc. B*, 276: 1037-1045.

Kido, K. 1988. Phylogeny of the family Liparididae with the taxonomy of the species found around Japan. *Mem. Fac. Fish. Hokkaido Univ.*, 35: 125-256.

Sakurai, Y. and Kido, K. 1992. Feeding behavior of *Careproctus rastrinus* (Liparidae) in captivity. *Jpn. J. Ichthyol.*, 39: 110-113.

Somerton, D. A. and Donaldson, W. 1998. Parasitism of the golden king crab, *Lithodes acquispinus*, by two species of snailfish, genus *Careproctus*. *Fish. Bull.*, 98: 871-884.

Stein, D. L. *et al.* 2005. ROV observations of benthic fishes in the Northwind and Canada Basins, Arctic Ocean. *Polar Biol.*, 28: 232-237.

Stein, D. L. *et al.* 1991. A review of Chilean snailfishes (Liparidae, Scorpaeniformes) with descriptions of a new genus and three new species. *Copeia*, 1991: 358-373.

第4章 暖かい海と冷たい海
4-1 サンゴ礁の魚

Benson, A. A. and Muscatine, L. 1974. Wax in coral mucus: energy transfer from corals to reef fishes. *Limnol. Oceanogr.*, 19: 810-814.

Coffroth, M. A. 1990. Mucous sheet formation on poritid corals: an evaluation of coral mucus as a nutrient source on reefs. *Mar. Biol.*, 105: 39-49.

Jayewardene, D. *et al.* 2009. Effects of frequent fish predation on corals in Hawaii. *Coral Reefs*, 28: 499-506.

Nilsson, G. E. *et al.* 2007. Hypoxia tolerance and air-breathing ability correlate with habitat preference in coral-dwelling fishes. *Coral Reefs*, 26: 241-248.

4-1-1 ニセネッタイスズメダイ，ニシキベラなど（UVカットをする魚）

Eckes, M. J. *et al.* 2008. Ultraviolet sunscreens in reef fish mucus. *Mar. Ecol. Prog. Ser.*, 353: 203-211.

Zamzow, J. P. 2003. Ultraviolet-absorbing compounds in the mucus of temperate Pacific tidepool sculpins: variation over local and geographic scales. *Mar. Ecol. Prog. Ser.*, 263: 169-175.

Zamzow, J. P. 2004. Effects of diets, ultraviolet exposure, and gender on the ultraviolet absorbance of fish mucus and ocular structures. *Mar. Biol.*, 144: 1057-1064.

Zamzow, J. P. 2007. Ultraviolet-absorbing compounds in the mucus of shallow-dwelling tropical reef fishes correlate with environmental water clarity. *Mar. Ecol. Prog. Ser.*, 343: 263-271.

Zamzow, J. P. and Losey, G. S. 2002. Ultraviolet radiation absorbance by coral reef fish mucus: photo-protection and visual communication. *Environ. Biol. Fish.*, 63: 41-47.

ノート 13. 紫外線が見える魚

Allison, W. T. *et al.* 2003. Ontogeny of ultraviolet-sensitive cones in the retina of rainbow trout (*Oncorhynchus mykiss*). *J. Comp. Neurol.*, 461: 294-306.

Allison, W. T. *et al.* 2006. Degeneration and regeneration of ultraviolet cone photoreceptors during development in rainbow trout. *J. Comp. Neurol.*, 499: 702-715.

Hawryshyn, C. W. and Hárosi, F. I. 1994. Spectral characteristics of visual pigments in rainbow trout (*Oncorhynchus mykiss*). *Vision Res.*, 34: 1385-1392.

Siebeck, U. E. 2004. Communication in coral reef fish: the role of ultraviolet colour patterns in damselfish territorial behaviour. *Animal Behav.*, 68: 273-282.

Siebeck, U. E. *et al*. 2006. UV communication in fish. In "Ladich, F. *et al*. eds. Communication in fishes. Vol. 2." pp. 424-455. Science Publishers, Enfield.

Smith, E. J. *et al*. 2002. Ultraviolet vision and mate choice in the guppy (*Poecilia reticulata*). *Behav. Ecol*., 18: 11-19.

4-1-2 チョウチョウウオ

Boyle, K. S. and Tricas, T. C. 2010. Pulse sound generation, anterior swim bladder buckling and associated muscle activity in the pyramid butterflyfish, *Hemitaurichthys polylepis*. *J. Exp. Biol*., 213: 3991-3893.

Ehrlich, P. R. *et al*. 1977. The behaviour of chaetodontid fishes with special reference to Lorenz's "poster colouration" hypothesis. *J. Zool. Lond*., 183: 213-228.

Ferry-Graham, L. A. *et al*. 2001. Prey capture in long-jawed butterflyfishes (Chaetodontidae): the functional basis of novel feeding habits. *J. Exp. Mar. Biol. Ecol*., 256: 167-181.

Ferry-Graham, L. A. *et al*. 2001. Evolution and mechanics of long jaws in butterflyfishes (Family Chaetodontidae). *J. Morphol*., 248: 120-143.

Motta, P. J. 1988. Functional morphology of the feeding apparatus of ten species of Pacific butterflyfishes (Perciformes, Chaetodontidae): an ecomorphological approach. *Environ. Biol. Fish*., 22: 39-67.

本川達雄．2008．サンゴとサンゴ礁のはなし　南の海のふしぎな生態系．中公新書．273pp．中央公論新社，東京．

Roberts, C. M. and Ormond, R. F. G. 1992. Butterflyfish social behaviour with special reference to the incidence of territoriality: a review. *Environ. Biol. Fish*., 34: 79-93.

Sano, M. 1989. Feeding habits of Japanese butterflyfishes (Chaetodontidae). *Environ. Biol. Fish*., 25: 195-203.

Tricas, T. C. *et al*. 2006. Acoustic communication in territorial butterflyfish: test of the sound production hypothesis. *J. Exp. Biol*., 209: 4994-5004.

Webb, J. F. *et al*. 2010. The ears of butterflyfishes (Chaetodontidae): 'hearing generalists' on noisy coral reefs? *J. Fish Biol*., 77: 1406-1423.

Webb, J. F. *et al*. 2006. The laterophysic connection and swim bladder of butterflyfishes in the Genus *Chaetodon* (Perciformes: Chaetodontidae). *J. Morphol*., 267: 1338-1355.

4-1-3 コバンハゼの仲間とダルマハゼの仲間

Hashimoto, Y. *et al*. 1974. Occurrence of a skin toxin in coral-gobies *Gobiodon* spp. *Toxicon*, 12: 523-528.

桑村哲生．2004．性転換する魚たち－サンゴ礁の海から－．岩波新書．205pp．岩波書店，東京．

Lassig, B. R. 1981. Significance of the epidermal ichthyotoxic secretion of coral-dwelling gobies. *Toxicon*, 19: 729-735.

Munday, P. L. *et al*. 1998. Bi-directional sex change in a coral-dwelling goby. *Behav. Ecol. Sociobiol*., 43: 371-377.

Munday, P. L. *et al*. 2003. Skin toxins and external parasitism of coral-dwelling gobies. *J. Fish Biol*., 62: 976-981.

Nilsson, G. E. *et al.* 2004. Coward or braveheart: extreme habitat fidelity through hypoxia tolerance in a coral-dwelling goby. *J. Exp. Biol.*, 207: 33–39.

Schubert, M. *et al.* 2003. The toxicity of skin secretions from coral-dwelling gobies and their potential role as a predator deterrent. *Environ. Biol. Fish.*, 67: 359–367.

4−1−4　クロソラスズメダイの仲間

Hata, H. and Kato, M. 2002. Weeding by the herbivorous damselfish *Stegastes nigricans* in nearly monocultural algae farms. *Mar. Ecol. Prog. Ser.*, 237: 227–231.

Hata, H. and Kato, M. 2004. Monoculture and mixed-species algal farms on a coral reef are maintained through intensive and extensive management by damselfishes. *J. Exp. Mar. Biol. Ecol.*, 313: 285–296.

Hata, H. and Kato, M. 2006. A novel obligate cultivation mutualism between damselfish and *Polysiphonia algae*. *Biol. Lett.*, 2: 593–596.

Hata, H. *et al.* 2010. Geographic variation in the damselfish-red alga cultivation mutualism in the Indo-West Pacific. *BMC Evol. Biol.*, 10: 185, 1–10.

Wilson, S. and Bellwood, D. R. 1997. Criptic dietary components of territorial damselfishes (Pomacentridae, Labrpidei). *Mar. Ecol. Prog. Ser.*, 153: 299–310.

4−2　南極海と北極海の魚

Cheng, C. -H. C. 1998. Origin and mechanism of evolution of antifreeze glycoproteins in polar fishes. In "di Prisco, G. *et al.* eds. Fishes of Antarctica. A biological overview." pp. 311–328. Springer Italia, Milano.

Cheng, C. -H. C. *et al.* 2005. Nonhepatic origin of notothenioid antifreeze reveals pancreatic synthesis as common mechanism in polar fish freezing avoidance. *Proc. Natl. Acad. Sci.*, 103: 10491–10496.

Eastman, J. T. 1993. Antarctic fish biology. Evolution in a unique environment. 322 pp. Academic Press, San Diego.

Eastman, J. T. 1997. Comparison of the Antarctic and Arctic fish faunas. *Cybium*, 21: 335–352.

Eastman, J. T. 2005. The nature of the diversity of Antarctic fishes. *Polar Biol.*, 28: 93–107.

Enevoldsen, L. T. *et al.* 2003. Does fish from the Disko Bay area of Greenland possess antifreeze proteins during the summer? *Polar Biol.*, 26: 365–370.

Gulseth, O. A. and Nilssen, K. J. 2001. Life-history traits of charr, *Salvelinus alpinus*, from a high Arctic watercouse on Svalbard. *Arctic*, 54: 1–11.

岩見哲夫ほか．2001．南極海およびその周辺海域より報告のある魚類の標準和名のリストならびに新和名の提唱．*遠洋水研報*，(38): 29–36．

4−2−1　コオリウオ

Barber, D. L. *et al.* 1981. The blood cells of the Antarctic icefish *Chaenocephalus aceratus* Lönnberg: light and electron microscopic observations. *J. Fish Biol.*, 19: 11–28.

Detrich Ⅲ, H. W. *et al.* 2005. Nesting behavior of the icefish *Chaenocephalus aceratus* at Bouveteya

Island, Southern Ocean. *Polar Biol.*, 28: 828-832.
Garofalo, F. *et al.* 2009. The Antarctic hemoglobinless icefish, fifty five years later: a unique cardiocirculatory interplay of disaptation and phenotypic plasticity. *Comp. Biochem. Physiol., A*, 154: 10-28.
Harrison, P. *et al.* 1991. Gross anatomy, myoarchitecture, and ultrastructure of the heart ventricle in the haemoglobinless icefish *Chaenocephalus aceratus*. *Can. J. Zool.*, 69: 1339-1347.
Hemmingsen, E. A. and Douglas, E. L. 1970. Respiratory characteristics of the hemoglobin-free fish *Chaenocephalus aceratus*. *Comp. Biochem. Physiol.*, 33: 733-744.
Kock, K. -H. 2005. Antarctic icefishes (Channichthyidae): a unique family of fishes. a review, Part I, Part II. *Polar Biol.*, 28: 862-895, 897-909.
Ruud, J. T. 1954. Vertebrates without erythrocytes and blood pigment. *Nature*, 173: 848-850.
Sidell, B. D. and O'Brien, K. M. 2006. When bad things happen to good fish: the loss of hemoglobin and myoglobin expression in Antarctic icefish. *J. Exp. Biol.*, 209: 1791-1802.

4-2-2 ホッキョクダラ

Benoit, D. *et al.* 2010. From polar night to midnight sun: photoperiod, seal predation, and the diel vertical migrations of polar cod (*Boreogadus saida*) under landfast ice in the Arctic Ocean. *Polar Biol.*, 33: 1505-1520.
Chen, L. *et al.* 1997. Covergent evolution of antifreeze glycoproteins in Antarctic notothenioid fish and Arctic cod. *Proc. Nat. Acad. Sci. USA*. 94: 3817-3822.
Graham, M. and Hop, H. 1995. Aspects of reproduction and larval biology of Arctic cod (*Boreogadus saida*). *Arctic*, 48: 130-135.
Craig, P. C. *et al.* 1982. Ecological studies of Arctic cod (*Boreogadus saida*) in Beaufort Sea coastal waters, Alaska. *Can. J. Fish. Aquat. Sci.*, 39: 395-406.
Fortier, L. *et al.* 2006. Survival of Arctic cod larvae (*Boreogadus saida*) in relation to sea ice and temperature in the Northeast Water Polynya (Greenland Sea). *Can. J. Fish. Aquat. Sci.*, 63: 1608-1616.
Gradinger, R. R. and Bluhm, B. A. 2004. In-sutu observations on the distribution and behavior of amphipods and Arctic cod (*Boreogadus saida*) under the sea ice of the High Arctic Canada Basin. *Polar Biol.*, 27: 595-603.
Hop, H. and Tonn, W. M. 1998. Gastric evacuation rates and daily rations of Arctic cod (*Boreogadus saida*) at low temperatures. *Polar Biol.*, 19: 293-301.

第5章 淡水域

Fink, S. V. and Fink, W. L. 1996. Interrelationships of ostariophysan fishes (Teleostei). In "Stiassny, M. L. J. *et al.* eds. Interrelationships of fishes." pp. 209-249. Academic Press, San Diego.
Greenwood, P. H. 1991. Speciation. In "Keenleyside, M. H. A. ed. Cichlid fishes. Behaviour, ecology and evolution." pp. 86-102. Chapman & Hall, London.
Horn, M. H. 1972. The amount of space available for marine and freshwater fishes. *Fish. Bull.*, 70: 1295-1297.

Lévêque, C. *et al.* 2008. Gloval diversity of fish (Pisces) in freshwater. *Hydrobiologia*, 595: 545-567.

5-1 サケの仲間

ジェンド, S. M.・クイン, T. P. 2006. クマが結ぶサケと森. *日経サイエンス*, 2006年11月号: 80-86.

Gende, S. M. *et al.* 2001. Consumption choice by bears feeding on salmon. *Oecologia*, 127: 372-382.

Helfield, J. M. and Naiman, R. J. 2002. Salmon and alder as nitrogen sources to riparian forests in a boreal Alaskan watershed. *Oecologia*, 133: 573-582.

Hocking, M. D. *et al.* 2009. The ecology of terrestrial invertebrates on Pacicic salmon carcasses. *Ecol. Res.*, 24: 1091-1100.

Klinka, D. R. and Reimchen, T. E. 2002. Nocturnal and diurnal foraging behaviour of brown bears (*Ursus arctos*) on a salmon stream in coastal British Columbia. *Can. J. Zool.*, 80: 1317-1322.

Klinka, D. R. and Reimchen, T. E. 2009. Darkness, twilight, and daylight foraging success of bears (*Ursus americanus*) on salmon in coastal British Columbia. *J. Mammal.*, 90: 144-149.

Quinn, T. P. *et al.* 2009. Transportation of Pacific salmon carcasses from streams to riparian forests by bears. *Can. J. Zool.*, 87: 195-203.

Quinn, T. P. *et al.* 2003. Density-dependent predation by brown bears (*Ursus arctos*) on sockeye salmon (*Oncorhynchus nerka*). *Can. J. Fish. Aquat. Sci.*, 60: 553-562.

柳井清治 ほか. 2006. 北海道東部河川におけるシロザケの死骸が森林-河川生態系に及ぼす影響. *応用生態工学*, 9: 167-178.

5-2 コイ

Amlacher, E. 1954. Beitrag zur Anatomie der Karpfenleber (*Cyprinus carpio* L.) *Z. Fisch.*, NF, 3: 311-336.

Gomahr, A. *et al.* 1992. Density and distribution of external taste buds in cyprinids. *Environ. Biol. Fish.*, 33: 134-134.

池田静徳. 1977. 消化酵素. "川本信之(編). 改訂増補魚類生理." pp. 140-159. 恒星社厚生閣, 東京.

Kiyohara, S. *et al.* 1985. Peripheral and central distribution of major branches of the facial taste nerve in the carp. *Brain Res.*, 325: 57-69.

Konishi, J. and Zotterman, Y. 1963. Taste functions in fish. In "Zotterman, Y. ed. Proceedings of the first international symposium on olfaction and taste." pp. 215-233. Pergamon Press, Oxford.

Marui, T. *et al.* 1983. Gustatory specificity for amino acids in the facial taste system of the carp, *Cyprinus carpio* L. *J. Comp. Physiol. A*, 153: 299-308.

Noaillac-Depeyre, J. and Hollande, E. 1981. Evidence for somatostatin, gastrin and pancreatic polypeptide-like substances in the mucosa cells of the gut in fishes with and without stomach. *Cell Tissue Res.*, 216: 193-203.

Sibbing, F. A. 1982. Pharyngeal mastication and food transport in the carp (*Cyprinus carpio* L.): a cineradiographic and electromyographic study. *J. Morphol.*, 172: 223-258.

Sibbing, F. A. *et al.* 1986. Food handling in the carp (*Cyprinus carpio*): its movement patterns,

mechanisms and imitations. *J. Zool., Lond. (A)*, 210: 161-203.
吉田多摩夫. 1977. PCB の蓄積と排泄の機構."日本水産学会（編）. 海洋生物の PCB 汚染." pp. 18-31. 水産学シリーズ #18, 恒星社厚生閣, 東京.

5-3 ナマズ
5-3-1 ナマズと電気

Armbruster, J. W. 2011. Global catfish biodiversity. *Amer. Fish. Soc. Symp.*, (77): 15-37.
Asano, M. and Hanyu, I. 1986. Biological significance of electroreception for a Japanese catfish. *Bull. Jpn. Soc. Sci. Fish.*, 52: 795-800.
浅野昌充・羽生　巧. 1987. ナマズ小孔器が電気受容器であることの証明. 東北水研研報, (49): 73-82.
Bardach, J. E. *et al.* 1967. Orientation by taste in fish of genus *Ictalurus*. *Science*, 155: 1276-1278.
Northcutt, R. G. 2005. Taste bud development in the channel catfish. *J. Comp. Neurol.*, 482: 1-16.
Peters, R. C. *et al.* 1974. Distribution of electroreceptors, bioelectric field patterns, and skin resistance in the catfish, *Ictalurus nebulosus* LeS. *J. Comp. Physiol*, 92: 11-22.
Peters, R. C. and Meek, J. 1973. Catfish and electric fields. *Experientia*, 24: 299-300.
Peters, R. C. *et al.* 2001. Electroreception in freshwater catfish: the biologically adequate stimulus. In: " Kapoor, B. G. and Hara, T. J. eds. Sensory biology of jawed fishes." pp. 275-296, Science Publishers, Enfield.
Peters, R. C. and van Wijland, E. 1993. Active electroreception in the non-electric catfish *Ictalurus nebulosus*. (In: Contributions of electrosensory systems to neurobiology and neuroethology—Proceedings of a conference in honor of the scientific career of Thomas Szabo). *J. Comp. Physiol. A*, 173: 738.
Pohlmann, K. *et al.* 2001. Tracking wakes: the nocturnal predatory strategy of piscivorous catfish. *Proc. Nat. Acad. Sci.*, 98: 7371-7374.

ノート 14. 魚の電気感覚

Arnegard, M. E. and Carlson, B. A. 2005. Electric organ discharge patterns during group hunting by a mormyrid fish. *Proc. Roy. Soc. B*, 272: 1305-1314.
Collin, S. P. and Whitehead, D. 2004. The functional roles of passive electroreception in non-electric fishes. *Animal Biol.*, 54: 1-25.
フィールズ, R. D. 2007. サメの第六感　獲物をとらえる電気感覚. 日経サイエンス, 2007 年 11 月号: 42-50.
Hopkins, C. D. 1999. Design features for electric communication. *J. Exp. Biol.*, 202: 1217-1228.
Kalmijn, A. J. 1971. The electric sense of sharks and rays. *J. Exp. Biol.*, 55: 371-383.
Lissmann, H. W. and Machin, K. E. 1958. The mechanisms of object location in *Gymnarchus niloticus* and similar fish. *J. Exp. Biol.*, 35: 457-486.
Lowe, C. G. *et al.* 1994. Feeding and associated electrical behavior of the Pacific electric ray *Torpedo californica* in the field. *Mar. Biol.*, 120: 161-169.
Macesic, L. J. and Kajiura, S. M. 2009. Electric organ morphology and function in the lesser electric

ray, *Narcine brasiliensis. Zoology*, 112: 442-450.
Moller, P. 1995. Electric fishes. History and behavior. 584 pp. Chapman & Hall, London.

5-3-2 パナケ

Armbruster, J. W. 1998. Modifications of the digestive tract for holding air in loricariid and scoloplacid catfishes. *Copeia*, 1998: 663-675.

German, D. P. 2009. Inside the guts of wood-eating catfishes: can they digest wood? *J. Comp. Physiol. B*, 179: 1011-1023.

German, D. P. and Bittong, R. A. 2009. Digestive enzyme activities and gastrointestinal fermentation in wood-eating catfishes. *J. Comp. Physiol. B*, 179: 1025-1042.

Lujan, N. K. *et al.* 2010. Revision of *Panaque* (*Panaque*), with descriptions of three new species from the Amazon Basin (Siluriformes, Loricariidae). *Copeia*, 2010: 676-704.

Nelson, J. A. *et al.* 1999. Wood-eating catfishes of the genus *Panaque*: gut microflora and cellulolytic enzyme activities. *J. Fish Biol.*, 54: 1069-1082.

Schaefer, S. A. and Stewart, D. J. 1993. Systematics of the *Panaque dentex* species group (Siluriformes: Loricariidae), wood-eating armored catfishes from tropical South America. *Ichthyol. Explor. Freshwaters*, 4: 309-342.

5-4 種子分散に貢献する魚（カラシンの仲間など）

Anderson, J. T. *et al.* 2009. High-quality seed dispersal by fruit-eating fishes in Amazonian floodplain habitats. *Oecologia*, 161: 279-290.

Correa, S. B. *et al.* 2007. Evolutionary perspectives on seed consumption and dispersal by fishes. *BioScience*, 57: 748-756.

Drewe, K. E. *et al.* 2004. Insectivore to frugivore: ontogenetic changes in gut morphology and digestive enzyme activity in the characid fish *Brycon guatemalensis* from Costa Rican rain forest streams. *J. Fish Biol.*, 64: 890-902.

Galetti, M. *et al.* 2008. Big fish are the best: seed dispersal of *Bactris glaucescens* by the pecu fish (*Piaractus mesopotamicus*) in the Pantanal, Brazil. *Biotropica*, 40: 386-389.

Horn, M. H. 1997. Evidence for dispersal of fig seeds by the fruit-eating characid fish *Brycon guatemalensis* Regan in a Costa Rican tropical rain forest. *Oecologia*, 109: 259-264.

Lucas, C. M. 2008. Within flood season variation in fruit consumption and seed dispersal by two characin fishes of Amazon. *Biotropica*, 40: 581-589.

5-5 ハイギョ

Clark, J. A. *et al.* 2010. The fossil record of lungfishes. In "Jørgensen, J. M. and Joss, J. eds. The biology of lungfishes." pp. 1-42. Science Publisher, Enfield.

Bemis, W. E. 1986. Feeding systems of living Dipmoi: anatomy and function. *J. Morphol. Suppl.*, 1: 249-276.

Burggren, W. W. and Johansen, K. 1986. Circulation and respiration in lungfishes (Dipnoi). *J. Morphol. Suppl.*, 1: 217-246.

Chew, S. E. *et al.* 2004. Nitrogen metabolism in the African lungfish (*Protopterus dolli*) aestivating in a mucus cocoon on land. *J. Exp. Biol.*, 207: 777–786.

Clement, A. M. and Long, J. A. 2010. Air-breathing adaptation in a marine Devonian lungfish. *Biol. Lett.*, 6: 509–512.

Greenwood, P. H. 1986. The natural history of African lungfishes. *J. Morphol. Suppl.*, 1: 163–179.

Hassanpour, M. and Joss, J. 2010. The lungfish digestive system. In "Jørgensen, J. M. and Joss, J. eds. The biology of lungfishes." pp. 341–357. Science Publisher, Enfield.

Icardo, J. M. *et al.* 2010. The anatomy of the gastrointestinal tract of the African lungfish, *Protopterus annectens*. *Anat. Rec*, 293: 1146–1154.

Johnells, A. G. and Svensson, G. S. O. 1954. On the biology of *Protopterus annectens* Owen. *Ark. Zool.*, 7: 131–164.

Kemp, A. 1986. The biology of the Australian lungfish, *Neoceratodus forsteri* (Krefft 1870). *J. Morphol. Suppl.*, 1: 181–198.

Loong, A. M. *et al.* 2008. Increased urea synthesis and/or suppressed ammonia production in the African lungfish, *Protopterus annectens*, during aestivation in air or mud. *J. Comp. Physiol. B*, 178: 351–363.

Orgeig, B. and Daniels, C. B. 1995. The evolutionary significance of pulmonary surfactant in lungfish (Dipnoi). *Amer. J. Respir. Cell Mol. Biol.*, 13: 161–166.

Power, J. H. T. *et al.* 1999. Ultrastructural and protein analysis of surfactant in the Australian lungfish *Neoceratodus forsteri*: evidence for conservation of composition for 300 million years. *J. Exp. Biol.*, 202: 2543–2550.

Szidon, J. P. *et al.* 1969. Heart and circulation of the African lungfish. *Circ. Res.*, 25: 23–38.

Watt, M. *et al.* 1999. Use of electroreception during foraging by the Australian lungfish. *Animal Behav.*, 58: 1039–1045.

謝　辞

　この本には多くの研究者の優れた業績を引用させていただいた．出典はそれぞれ本文の中で明記して紹介するのが定法であるが，読みやすくするためにこのような形式にして，主要な引用・参照文献を巻末にまとめて掲載することにした．原著者の皆さんに御礼を申し上げる．

　この本を執筆するにあたり，情報収集や写真撮影などで木村清志さんから一方ならぬ支援を受けた．岩見哲夫，江口　充，清原貞夫，桑村哲生，鈴木　徹，宗宮弘明，仲谷一宏，西田清徳，畑　啓生，細谷和海，宮崎信之，山岡耕作，山口敦子の皆さんには，専門領域の事項について種々ご教示いただいたり，貴重な写真や図を提供していただいたりして大変お世話になった．また，図の大半は河野元春さんにお願いして仕上げていただいた．記して心より御礼申し上げる．

　最後に，この本が完成するまで，終始細心の注意を払って編集の労をとられた恒星社厚生閣の片岡一成さんと河野元春さんに深く感謝の意を表する．

岩井　保
いわい　たもつ

1929 年生
1949 年　京都大学農学部雇
1954 年　三重県立大学水産学部卒業
1961 年　京都大学大学院農学研究科修了
1969 年　京都大学教授
1993 年　停年退職

著書　『水産脊椎動物　Ⅱ魚類』（恒星社厚生閣），『魚学入門』（恒星社厚生閣），『魚の国の驚異』（朝日新聞社），『旬の魚はなぜうまい』（岩波新書）など．

地球の魚地図
多様な生活と適応戦略

2012 年 3 月 9 日　初版 1 刷発行
2022 年 3 月 1 日　第 2 刷発行

岩井　保　著

発行者　片　岡　一　成
製本・印刷　株式会社　シ　ナ　ノ

発行所　株式会社／恒星社厚生閣
〒160-0008　東京都新宿区四谷三栄町 3-14
TEL：03(3359)7371/FAX：03(3359)7375
http://www.kouseisha.com/

Ⓒ Tamotsu Iwai, 2012
（定価はカバーに表示）

ISBN978-4-7699-1265-1　C1045

JCOPY　＜(社)出版者著作権管理機構　委託出版物＞
本書の無断複写は著作権法上での例外を除き禁じられています．複写される場合は，その都度事前に，(社)出版者著作権管理機構（電話 03-5244-5088，FAX03-5244-5089，e-mail:info@jcopy.or.jp）の許諾を得て下さい．

好評既刊本

魚学入門

岩井　保 著

魚類の形態を軸に分類・生活史・分布・進化までをまとめた必携の入門書。
●A5判・224頁・定価 (本体3,000円+税)

魚類学

矢部　衞・桑村哲生・都木靖彰 編

魚類研究の基本的な事柄を一冊に凝縮。『魚学入門』に続く魚類学の教科書。
●A5判・388頁・定価 (本体4,500円+税)

魚類生態学の基礎

塚本勝巳 編

幅広い魚類生態学を概論、方法論、各論に分けて解説。大学等のテキストに最適。
●B5判・320頁・定価 (本体4,500円+税)

増補改訂版
魚類生理学の基礎

会田勝美・金子豊二 編

進展著しい魚類生理学の新知見をもとに大改訂。大学等のテキストとして最適。
●B5判・260頁・定価(本体3,800円+税)

魚類発生学の基礎

大久保範聡・吉崎悟朗・越田澄夫 編

日本初の魚類を中心にした発生学の入門書。水産増養殖技術の基礎にも活用。
●B5判・212頁・定価 (本体3,800円+税)

あぁ，そうなんだ！魚講座
―通になれる100の質問

亀井まさのり 著

魚について100の疑問をQ&A形式で解説。意外と知らない魚の雑学が満載。
●A5判・162頁・定価 (本体2,300円+税)

恒星社厚生閣